北大送给青少年的人生处方

北大送给青少年的人生处方

李晓东 著

天津出版传媒集团
天津科学技术出版社

图书在版编目（CIP）数据

北大送给青少年的人生处方 / 李晓东著. -- 天津：天津科学技术出版社，2022.2
　　ISBN 978-7-5576-9831-7

Ⅰ. ①北… Ⅱ. ①李… Ⅲ. ①人生哲学 – 青少年读物 Ⅳ. ① B821-49

中国版本图书馆 CIP 数据核字（2022）第 013791 号

北大送给青少年的人生处方
BEIDA SONGGEI QINGSHAONIAN DE RENSHENG CHUFANG

策　划　人：杨　譞
责任编辑：马　悦
责任印制：兰　毅

出　　　版：天津出版传媒集团
　　　　　　天津科学技术出版社
地　　　址：天津市西康路 35 号
邮　　　编：300051
电　　　话：（022）23332490
网　　　址：www.tjkjcbs.com.cn
发　　　行：新华书店经销
印　　　刷：北京市松源印刷有限公司

开本 880×1 230　1/32　印张 6　字数 145 000
2022 年 2 月第 1 版第 1 次印刷
定价：46.00 元

前言 PREFACE

对于广大学子来说,北京大学不仅仅是一所大学,更是心中的一座圣殿。她的历史、她的精神、她的文化都已经成为一种象征。北京大学创办于1898年,初名京师大学堂,是中国近代第一所国立大学,被公认为中国的最高学府,也是亚洲和世界最重要的大学之一。北大英才辈出,堪称大师之园。百余年来,从北大走出了一大批优秀的学者、教授。早期的北大涌现出的杰出人物有蔡元培、陈独秀、李大钊、鲁迅、胡适、蒋梦麟等,这些人是北大的先驱,也是北大精神的奠基者。之后,北大又培养了冯友兰、季羡林、梁漱溟、林语堂、朱光潜、张岱年等学者。无数北大人以其博大的胸襟,为我们提供的是取之不尽、用之不竭的精神宝藏。

北大不仅是一个学习知识的地方,同时也是一个塑造人格、提升修养、学习做事做人的好地方。一位北大学子深有感触地说:"在北大学会的不仅仅是单纯的知识,感受更多的是北大对一个人人格的熏陶,从这片园子里面走出的人都会深深打上北大的烙印,具备特殊的精神气质。"北大的精神不是物质的留传,而是一种灵魂的塑造和远播。一代又一代北大人传承和发扬着北大独特的精神气质和文化内涵，也彰显着自身与众不同的人生经验与生活智慧。他们广博的学识、闪光的才智与庄严无畏的思想，像一盏盏明灯，点亮我们的心灵，也照亮我们未来的道路。他们身上有太多值得我们学习的东西：勤奋、宽容、克己……在人生的旅途中，大学只是一个短暂的历程，但北大让学生在这个短暂的历程中汲取着智慧的营养，教会了学生怎样做人、怎样做一个成功的人，并引领他们思考和感悟人生，为实现人生目标、取得成功做好积极而充分的准备。这是北大给予青少年的最好的人生处方。

本书通过不同的方面，以北大人的事例为依托，充分诠释了北大教育理念中的精髓，阐述了北大人的生命智慧和人生哲理，触及了人生中最朴素的感情和人性中最本质的东西，挖掘出成长路上最丰富的成功内涵；同时，传承北大学者造就精英的方法和哲理，为成长中的孩子提供适合其心理需求的精神养分，使之能学会自我选择、自我塑造，为成长为社会精英打下坚实的基础。

李开复博士在北大演讲时曾说："每个人都是自己命运的设计师！当今时代是一个令人振奋的时代，每一个人都可以用自己的双手选择、掌握自己的命运，做最好的自己。"希望青少年在本书精彩的故事里，在轻松的阅读氛围中，感悟人生，完善修养，砥砺自我，用青春和行动为自己的人生做出最完美的注脚。

目录 CONTENTS

处方一 立志，方向比努力更重要
首先应该清楚：你在为谁读书 2
对于盲目的船来说，所有风向都是逆风 5
人生是万米长跑，不要只看到 100 米 8
做最感兴趣的事，它能激发你的热情 12
追求卓越，把优秀当成一种习惯 15

处方二 创新，就是给模仿加点料
"拿来主义"也是创新 20
走自己的路，成功者需要走不寻常的路 23
让自己拥有一双想象的翅膀 26
突破思维定式，从新的视角看世界 29
创意生活，不给思维设限 32

处方三　坚韧不拔，伟大是熬出来的

迈进北大就等于迈进了挑战 36

在困境中，磨砺你的意志 39

不妨把挫折当成一次测试 42

要想人前风光，就得人后吃苦 45

不经历创伤，你就不是那颗成熟的果实 49

每一次挑战都是一次机遇 53

处方四　北大的"自信"不是"狂傲"

自信，让生命起航 58

不相信自己，就别奢望奇迹 60

把自卑和懦弱甩出校外 64

肯定自己，别人才能肯定你 67

没有完美的人，只有本色的人 70

敢于毛遂自荐才会脱颖而出 73

处方五　专注，通往成功的捷径

有所不为，才能有所为 78

学会拒绝，让自己更专心 81

成功者只想着自己要的，而非不要的 84

专心一点，小事不做难成大事 87

专注于脚下的路 90
事事用心，做解决问题的高手 92

处方六　开卷有益，腹有诗书气自华

博览群书，开启智慧之门 96
读书是天下第一好事 99
择其善者而"读"之 104
以有限之时，翻阅无字之书 107
读书不思考，等于吃饭不消化 111
鲁迅的"随便翻翻"读书法 115

处方七　激发潜能，能力是这样"炼"成的

定目标、沉住气、悄悄干 120
学会表达，好口才不是天生的 124
会赞美的人走到哪里都受欢迎 126
从此刻起，做一个幽默的人 129
培养自己的领导气质 133

处方八　学以致用，不做"书呆子"

学以致用才能发挥知识的力量 138
三百六十行，都能创造新世界 141
实力比学历更重要 143

学什么都不会白学 146
我们是不平凡的志愿者 149

处方九　珍惜时间，让青春不再仓促

管好自己的时间 154
重要的事情要先做 158
用好生命的每一分钟 161
养成井然有序的习惯 164

处方十　只要团结协作，就可以撬动地球

能力再强，你也只是团队里的一滴水 168
共赢：生活是一顿各取所需的自助餐 171
融入团队，你才能无坚不摧 175
打造无敌团队的秘诀——积极有效的沟通 178

处方一

立志，方向比努力更重要

首先应该清楚：你在为谁读书

每一个人都应该立定一个志向，要做一个大人物。

——冯友兰（曾任北京大学哲学系教授，著名哲学家、教育家）

在平常每一个波澜不惊的日子，青少年过着学校、家里两点一线的生活，似乎很少有时间去思考"为谁读书，读书为了什么"的问题，我们只是按照社会和家长为我们安排的路线茫然地走下去。虽然这条路是长久以来证明最适合于我们发展的，但是它到底好在哪里，我们并不清楚。没有目标的指引和推动，每一天的学习当然会变成一种负担，似乎是在家长善意的"逼迫"下才不得不去做的事。

我们读书是为了自己读书，而不是为了别人，不要像服刑一样痛苦地挣扎着，你读书得到的，没有别人可以占到什么便宜，别人得不到什么好处。全是在为自己奠定基础，你有什么吃亏的呢？那些看似聪明实际上愚蠢的人，总是在被动的读书。就是进步也是被动的进步！作者把人分成4类人：卓越的人、优秀的人、非常普通的人、永远的"贫困者"。起初只看到这些词时有些不解，但是想了想就明白了，卓越的人是主动追求的人，而优秀的人永远是需要让人提醒那么一下，也许只是一回，但若她还是停留在优秀的人，那么她终究不是卓越的人，最多还是那个靠别人提醒一下的优秀的人。而永远的"贫困者"，如果你不赶紧追求进步，你将有可能永远咸鱼不得翻身！你只有自己主动追求幸福，才会有成绩。天下没有免费的午餐。

曾当了9年北大校长的马寅初先生出生在江南的浦口，并在那里度过了美好的童年时代。但是，他时常满腹心事，因为他对父亲为他安排好的生活极为不满。他不愿意读私塾、继承家业，而对新式小学非常向往，十分渴望看看外面的天地。于是，他和父亲展开了对抗。

一次，父亲对他说："元善（马寅初的字），你已经不是小娃崽儿了，应该学做生意。爸爸希望你能继承家业啊！"

"不，我不愿意做小老板，我要去城里念书！"

"你敢犟嘴，给我跪下！"父亲见儿子不听话，很生气，随手操起竹篾使劲朝马寅初劈头盖脸地抽打起来，"看我不打死你这个孽子……"

"打死我也不做生意，就是死我也要读书！"马寅初忍着疼痛高声反抗。

马母王氏听到哭喊声后，急忙跑出来劝解。当王氏伸手去夺丈夫手中高高举起的竹篾时，马寅初趁机从地上站起来跑出了家门。他一口气跑到了浦口镇外。在黄泽江和剡江的汇合处，湍急飞速的江流闪着白光，站在江岸上的马寅初下定决心：不读书，毋宁死！

他一咬牙，猛地跳进了江流之中。幸运的是，马寅初被人救了上来，其义父张江声——上海瑞纶丝厂老板帮助他进入上海虹口老靶子路一个教会学校——"英华书馆"，从此马寅初开始了他的中学生活。

再后来,马寅初怀着强国富民的抱负于1915年留学回国。当时,袁世凯正上演称帝的丑剧,有很多人拉拢他向袁称臣。其中一位军阀代表说:"你到我们大帅那里去吧!去后让你操办财政经济事务,保你可以发大财……"马寅初义正词严地拒绝道:"我是做学问的人,不想做官发财!"后来,他公开宣称"一不做官,二不发财",走治学救国的道路。不久,马寅初接受蔡元培的邀请,成了北京大学的经济系教授。

我们青少年应该珍惜这来之不易的读书上学的机会,并且应该学习北大学者们立下远大的志向,努力奋进。

人的一生,成功与否最根本的差别,并不在于天赋,而在于有没有志向与目标。没有志向与目标的人生,就没有方向,会让人意志消沉,从而碌碌无为地度过一生,犹如大海上没有舵的帆船或是看不到灯塔的航船,总是会迷失方向。即便是竭尽全力地想要做出点成绩,也会因没有目标而迷失。有了远大的志向与目标,

人生才会充满前进的渴望与动力。一旦丧失目标，失去的可能不止是有意义的人生。

只有目标能够给人以巨大的动力。所以，如果青少年常常感到自己不愿学习，为其所苦，不妨深入想一想，我们学习的目标是什么，长大之后我们要做些什么。著名北大学者梁漱溟教育他的孩子，不能贪，做事不能贪图别人的表扬，生活上不能贪图享受，不能把欲望当作志向。

人生就是一段旅途，我们必须寻找到属于自己的前行方向，这一点至关重要。再简单一些说，就是只要是自己想要成为的人即可。哲学家冯友兰先生的志向是哲学，不可否认，他确实成为一个大人物，但立志之时，他只是想要成为哲学领域中人而已，这便是立志所创造的成就。

对于盲目的船来说，所有风向都是逆风

青年呵！你们临开始活动之前，应该定定方向。譬如航海远行的人，必先定一个目的地，中途的指针，只是指着这个方向走，才能有到达目的地的一天。若是方向不定，随风飘转，恐永无达到的日子。

——李大钊（曾任北京大学图书馆主任兼经济学教授，无产阶级革命家，中国共产党主要创始人之一）

古罗马政治家、哲学家塞涅卡有句名言说:"如果一个人活着不知道他要驶向哪个码头,那么任何风都不会是顺风。有人活着没有任何目标,他们在世间行走,就像河中的一棵小草,他们不是行走,而是随波逐流。"我们的人生也是一样,做任何一件事情之前,首先应认清方向。这样不但能对自身目前的处境了解得更透彻,而且在追求目标的过程中,也不至于误入歧途,白费工夫。

人生的旅途有很多岔路,一不小心就会走冤枉路。许多人拼命埋头苦干,却不知所为何来,到最后才发现走错了路,但为时已晚。这样的人虽很忙碌,却不见得有意义。因此,我们务必设定真正适合自己的目标,然后朝着这个方向勇往直前、坚持到底,找到生命的意义。

比尔·盖茨在谈到他的成功经验时说:"我的成功在于我的选择。如果说有什么秘密的话,那么还是两个字:选择。"其实人的一生就是一个选择的过程,只有自己的出身不能选择,其他的一切命运都是自己选择的结果。

一位著名音乐家在经过一家银行门口时,看见一个黑人在拉琴,便走过去同他打起了招呼,聊起了天。他朋友非常诧异地问:"你认识这个人吗?"这个音乐家告诉朋友,他曾经和这位黑人琴手一起拉过琴。他的朋友更诧异了,于是这位音乐家就讲起了他和这位黑人朋友的故事。

这位音乐家刚到美国的时候,由于生活清贫,为了维持生活和学习,决定在街头拉小提琴赚钱。在拉琴的时候,遇到了一位黑人琴手，两人便一起拉琴。后来两人找到了一个非常繁华的地段———一家银行的门前。那里的人流量非常大，所以他俩每天都有不错的收入。过了一段时间之后，他发现自己赚的钱已经够缴音乐学院的学费了，于是他毅然选择了去音乐学院继续学习。从此，他和这位黑人朋友就分开了。

这位音乐家进入音乐学院以后，刻苦学习，把所有的时间和精力都花在了提高琴艺上。因为是在学校上学，所以他没有太多的时间去赚钱，因此在他上学的这一段时间，他的生活非常艰难。但是即使这样，他也没有选择重新回到街头拉琴。

现在距离当时已经 10 年，现在的他已经成为一名世界级的音乐家，而现在他的黑人朋友仍然在这黄金地段拉琴。他的黑人朋友见到他以后，特别高兴地问："好多年没见你了，你现在在哪里拉琴呢？"他告诉了这位黑人朋友一个著名的音乐厅的名字，黑人朋友接着问道："那家音乐厅的地段怎么样呀，在那拉琴赚钱吗？"音乐家的朋友想告诉这位黑人朋友，他现在已经是世界级的音乐家了，是在音乐厅办音乐会，而不是在门口拉琴。但是，这位音乐家制止了他的朋友，笑着对黑人朋友说："还好，生意还不错。"

10 年前，两人的生活是一样的，但是 10 年后，他们的生活发生了天翻地覆的变化：一个人成了世界级音乐家，另一个人依然在街头拉琴。而两人不同的生活则是因为两人在 10 年前做出了不同的选择。如果音乐家在 10 年前，没有坚持自己的梦想，没有向自己想要前进的方向努力，而是像黑人琴手一样只是卖艺度日，那就不会有现在的成就。正如李大钊所说："人生不在于有多少选择，而在于有多少自己的选择。"

选择，简单点来说，就是给自己定位，为自己寻找努力的目标和方向。因此，我们要慎重对待生活中的每一个选择，好好地把握每一次选择。不同的选择决定不同的人生，不同的人生决定不同的命运，最终的选择权就在我们自己手中掌握。

人生是万米长跑，不要只看到100米

我主张年轻人在解决生活问题之后，眼光要放长远一点，要有自己的个性。人生是万米长跑，不要只看到前面的100米，不要只顾眼前利益。

——任继愈（曾任北京大学教授，著名哲学家、宗教学家、历史学家）

我国古代将树立远大的理想称作"立志"。自孔子以来的历代学者都把"立志"作为学习的必要条件。孔子曰："三军可夺帅也，匹夫不可夺志也。"明代学者王守仁说："君子之学，无时不处不以立志为事。志不立，天下无可成之事。志不立，如无舵之舟，无衔之马。""志不立，天下无可成之事。虽百工技艺，未有不本于志者。"立志于青少年而言就是树立远大的理想。树立远大理想对一个人的成长至关重要，而且是否具有远大的志向和理想，也是一个人成功的重要因素之一。

人生就像马拉松，获胜的关键不在于瞬间的爆发，在于途中的坚持。很多时候，成功就是多坚持一分钟，这一分钟不放弃，下一分钟就会有希望。只是我们不知道，这一分钟会在什么时候出现。只要坚持走下去，属于你的风景终会出现。

理想是青少年腾飞的翅膀，有了理想，才会有前进的方向；有了理想，才会有前进的动力。而如果没有明确而远大的理想，没有美好的希望和追求，那么行动就会失去方向和动力，在学习和生活中稍遇挫折就会心灰意冷，一蹶不振。反之，如果一个人具有远大的理想和抱负，就会清醒地认识到自己的行动和意义，就会按照目的自觉地调节自己的行动，不达目的，决不罢休。

任继愈家可谓是北大世家。他和夫人冯钟芸是北大教授，他的儿子任重、女儿任远都毕业于北大。虽然出自名门，但是任继愈子女身上只有朴实率真之气，没有丝毫纨绔之风。谈起父亲，他们不约而同地说，父亲从不要求他们什么，唯一的要求就是要有良好的品质，有人生目标。

任继愈先生曾说过："年轻人要有一点理想，甚至有一点幻想都不怕，不要太现实了，一个青年太现实了，没有出息。只顾眼前，缺乏理想，就没有发展前途。这个地方工资待遇 1000 元，那个地方待遇 1200 元，就奔了去，另有待遇更多的，再换工作岗位，不考虑工作性质，缺乏敬业精神，这很不好。小到个人，大到国家，都要有远大理想。没有远大理想的青年没有发展前途；没有远大理想的民族，难以屹立于世界民族之林，早晚会被淘汰。"

任继愈先生在教书的过程中深有感触，他看到现在的有些青年对实际利益看得过重,理想太少,不够浪漫。他说:"我不提倡吃苦,但年轻人要经得起吃苦,培养独立思考的精神。我主张年轻人在解决生活问题之后,眼光要放长远一点,要有自己的个性。人生是万米长跑,不要只看到前面的 100 米,不要只顾眼前利益。年轻人现在做工作要更多地考虑今后的发展,考虑自己是否能在这个领域做出成绩,为社会做出贡献。"

任先生从对儿女的教育以及对社会青年的期望都是希望他们有长远的理想和为社会做贡献的人生目标。我们青少年也要树立远大的理想,不能只看眼前的名次好坏和成绩的高低。

青少年在成长的过程中要学会设定目标,因为有了目标才会有努力的方向,有了目标才有成功的希望。那么如何规划好人生呢?一般情况下,明确目标需要依据三大原则:

1. 量度具体性原则

如果你想说"长大后我要发达""我要做个很富有的人""我要拥有全世界""我要做李嘉诚"……那么可以肯定你很难富起来,因为你的目标过于抽象、空泛,而且这些都是极容易移动的目标。目标最重要的是要具体可度量,比如,你要从什么职业做起,要争取达到多少收益,等等。此外,这个目标是否有一半的把握成功?如果没有一半把握成功,请暂时把目标降低,当达到目标后再来调高。

2. 时间具体性原则

要完成整个目标,你要定下期限,在何时将其完成。你要制定完成过程中的每一个步骤，而完成每一个步骤都要定下期限。

3. 方向具体性原则

即做什么事，必须十分明确。要达到一个目标，必然会遇到无数的障碍、困难和痛苦，使你远离或脱离目标路线，所以必须确实了解你的目标，必须预想你在达到目标过程中会遇到什么困难，然后把它们逐一详尽地记录下来，加以分析，评估风险，把它们依重要性次序排列出来，与智囊团的成员或亲朋好友研究商讨，加以解决。

当然，理想必须基于现实的基础和条件。树立远大理想，也不能好高骛远。"千里之行始于足下，万丈高楼起于垒土。"任何理想的实现，都应该脚踏实地，从眼前工作做起。远大的目标能给你一个看得见的靶子，促使你一步一个脚印地达到这些目标，在这个过程中，你会不断收获成就感，更加信心百倍，向高峰挺进。

做最感兴趣的事，它能激发你的热情

要想知道将来应该做些什么事，必须先问一问自己的兴趣是在什么地方。我们可以这样说：一个人如果对某一件事感兴趣，那么那件事和他的性情一定是很相近的，也必是他想要的。

——冯友兰（曾任北京大学哲学系教授，著名哲学家、教育家）

很多青少年对于未来感到十分茫然，不知道自己将来要做什么。俗话说，知人难，知己更难。人的眼睛能够看到远处的东西，却看不到近处的睫毛。正确地认识自己很不容易，因为自己看自己往往都会带有主观的成分和感情的色彩。所谓"知人者智，自知者明"就是这个道理。知道自己"做什么"，才能最大限度地发挥自己的创造力。而要知道自己最好"做什么"，最好的指导员就是兴趣。

冯友兰先生说："要想知道将来应该做些什么事，必须先问

一问自己的兴趣是在什么地方。我们可以这样说：一个人如果对某一件事感兴趣，那么那件事和他的性情一定是很相近的，也必是他想要的。"显然，于冯老而言，他的成功便是源于知道自己想要什么，于是便选择了与性情相近的哲学作为其一生的方向。

其实，很多人都能发现自己的兴趣所在，关键就在于是否能合理地应用它，激发出自身无穷的热情。当我们怀着满满的热情，做着我们最感兴趣的事情，那么距离成功也就不远了。

历史学家顾颉刚在北大期间，有两项与书相关的特别爱好。一是最喜欢跑图书馆，大部分时间都花在了学校图书馆和京师图书馆。京师图书馆藏有清内阁大库图书，内有鲜为人知的宋元善本和名家点校本，这是他经常流连忘返的地方；学校图书馆也拥有丰富藏书，尤其是新学著作，使他受益匪浅。由于经常接触，他便发现了其中的弊端，比如新书配置不及时，缺乏开架规则，为此他曾直接上书蔡元培校长，直言不讳地提出了图书馆改革方案。那封《上北京大学图书馆书》就连载于《北京大学日刊》，且所说多为采纳。

顾颉刚的另一个爱好就是看戏，京剧和其他传统戏曲都爱。为了能在天桥等地看上一场满意的名角戏，有时将饭钱省了，饿着肚子买了戏票，还经常看戏后深夜归来，校门已关，只得翻越墙头，有次因不慎还差点跌断了小腿。因为爱看戏，他养成了在地摊上买唱本、宝卷的爱好，这全是出自民间底层的作品，没有正规机器印刷，都是石印、油印和手抄本，而这些又都是正宗图书馆不曾有的收藏品。顾颉刚日积月累,广有收藏,曾表示"当时真想编一册《戏考》目录提要呢"。

顾颉刚先生找到了自己的兴趣所在,并且用极大的热情去做他所热爱的编目事业,人生过得充实而有意义。伟大的科学家爱因斯坦说过:"兴趣是最好的老师。"兴趣所在,人们往往愿意投入更多的精力,甚至废寝忘食,无形中缩短自己和天才之间的差距,拉近自己和成功之间的距离。青少年也应做自己最感兴趣的事,将热情和潜能发挥出来。

古今中外,凡是有成就的人物,不论是科学技术方面的,或者是文学艺术方面的,都跟他们对所从事的工作具有浓厚的兴趣分不开的。英国19世纪的伟大生物学家达尔文在自传中写道:"就我记得在学校时期的性格来说,其中对我后来产生影响的,就是我的强烈而多样的兴趣,沉溺于自己感兴趣的东西,了解任何复杂的问题和事物。"达尔文小时候的学习成绩并不太好,按

照他父亲的说法,"是一个平庸的孩子"。由于酷爱大自然,对动、植物怀有特殊的兴趣,他以极大的热情和耐力到野外收集许多风干了的植物和死了的昆虫,把搜集到的贝壳、化石、动植物制成标本,挂上标签。他的小卧室简直成了一个小型植物馆。童年的爱好为他一生的事业奠定了坚实的基础。达尔文能成为世界著名的伟大生物学家,对人类文明做出巨大贡献,这是与他从小受到的家庭影响,以及他父亲的热情支持分不开的。

一个人的兴趣需要慢慢发掘,青少年要有意识地去发现自己的兴趣点,尽量尝试以此为基础确定自己的梦想,做自己擅长的事。不妨时时问一下自己的内心热爱什么、想要什么,并将二者融合起来。这样,顺着自己的兴趣一步步努力,你可能会发现成功并不像想象的那么遥远。

追求卓越,把优秀当成一种习惯

有些人一生没有辉煌,并不是因为他们不能辉煌,而是因为他们的头脑中没有闪过辉煌的念头,或者不知道应该如何辉煌。

——俞敏洪(毕业于北京大学英语专业,新东方学校创始人,英语教学与管理专家)

如果有人问你:"世界上最高的山峰是哪一座?"相信你会毫不犹豫地回答:"珠穆朗玛峰。"但是如果继续问世界上第二高的山峰是哪座，估计你就会回答不出来。"谁是第一个登上月球的人？"相信你一定知道是阿姆斯特朗，但是有多少人会记得历史上第二个登上月球的人？尽管第二个人只比阿姆斯特朗晚了几分钟，但是就是这区区几分钟，让历史永远铭记了"阿姆斯特朗"这个名字，而另外一个人的名字几乎被人遗忘。

这个世界就是这样，人们只会记住那些最优秀的人、拿第一的人，哪怕你只比第一差一点点，也很少有人会记住你，不是第一就是陪衬。就像一句广告语说的："没有最好，只有更好。"所以，我们要追求卓越，努力把事情做到最好，让优秀成为一种习惯。

追求高品质、高标准是一种态度，这种态度决定了一个人成功的高度。就像俞敏洪说过："有些人一生没有辉煌，并不是因为他们不能辉煌，而是因为他们的头脑中没有闪过辉煌的念头，或者不知道应该如何辉煌。"很多人不能取得成功是没有把追求卓越作为他们的人生努力的方向。相反，社会上很多成功人士，都是不断地努力超越别人和自己，追求卓越，才取得了辉煌的成就。

如果你已经准备好去找寻你的人生目标，那就去追随那个声音吧。回到那个你最能清晰听到它的地方。对某些人来说，这个声音会在清晨，在繁忙的一天开始之前。而对另外一些人来说，它会在听音乐、看电影或读书时显现。也可能在他们漫步于林间或山岗时显现。

北大毕业生李彦宏就是这样一个追求卓越的人。

当有部门在汇报项目进展时说"我们这个产品比上一个版本好了多少"的时候，李彦宏总是要问一句："你这个产品做得是不是比市场上所有的竞争产品都要好，而且明显好？"李彦宏的言下之意，就是你有没有把事情做到极致。

"闪电计划"是百度将事情做到极致的一个典范。2001年年底的中国互联网正经历互联网破灭的阵痛，当时还只是搜索引擎服务提供商的百度也面临客户拖延付款的财务困境。李彦宏思考良久，2002年春节的鞭炮声未息，他便亲自挂帅，发动"闪电计划"。他以一如既往的平静口吻告诉工程师们："我们这个小组要在短时间里全面提升技术指标，特别是在一些中文搜索的关键指标上要超越市场第一位的竞争对手。"

那时，百度与市场第一名的规模相差几十倍，而当时百度产品技术团队只有15个人，要做出对手800个人做出的产品，这样的超越谈何容易？工程师们唯有日夜不休地开发程序，闭关苦修。在最困难的时刻，李彦宏为大伙打气说："我们必须做出最好的中文搜索引擎，才能活下去，而且活得比谁都好。你们现在很恨我，但将来你们一定会爱我。"

正是这次只有15个人参与的闪电行动，用了9个月时间，抢占了用户体验的制高点，一举奠定百度在中文搜索领域的龙头地位。从此，百度的市场占有率节节攀升，路越走越宽。

2009年的百度已经拥有7000员工，占据76%的市场份额。在一次战略沟通会上，李彦宏通过网上直播再次向全体百度人重申："我们做事必须有领导者的心态，要best of the best，把每件事做到极致，做得比别人都好，不是好一点儿，而是好很多。"

在他的心里，这个极致是永无止境的。

有的人天生适合创业，比如李彦宏。不仅因为他对技术的偏执、他的坚持以及处理事情时的游刃有余，还有一点就是追求卓越。李彦宏说："一家公司想要成为市场上的领导者，首先要有领导者的心态，那就是要坚信你做这件事能比所有人都做得好很多。在这种心态下，把每件事情都做到极致，最终你就能成为领导者。"

青少年也要以卓越的高标准来要求自己，来激励自己，将来才能有所成就。这就好比两个准备爬山的人，第一个立志要爬到山顶，第二个人说我要享受生活，爬到半山腰就好。结果多半是立誓爬到半山腰的人愿望能实现，而第一个人的愿望有两种可能：第一，他没有达到他的目的地—山顶，但他最终所处的位置一定比第二个人高；第二，他如愿以偿地站在最高峰。无论是哪种结果，成就大的永远是立志到达山顶的那个人。

所以，青少年要相信信心与能力是齐头并进的，追求卓越，你就能唤起强大的生命潜能，去实现出人头地的梦想。那么，在平时青少年就要把优秀作为一种习惯，认真完成老师布置的任务。当你尝试着对自己的学习、生活负责的时候，当你力求让每件事精益求精的时候，你的生活便会因此改变很多。当你做任何事情都能做到最好，那么，你离成功也就不远了。

处方二

创新，就是给模仿加点料

"拿来主义"也是创新

并不是说,创新一个东西就是全世界从来没有出现过。所谓的创新就是一种模仿以后加入了自己的特色而已。

——俞敏洪(毕业于北京大学英语专业,新东方学校创始人,现任新东方教育科技集团董事长兼总裁)

牛顿说:"如果说我比别人看得更远些,那是因为我站在巨人的肩上。"毕加索曾经说过:"优秀的艺术家复制别人的作品,更优秀的艺术家则偷窃别人的作品。"毕加索所说的"偷窃",绝不是街头瘪三行为,究其实质,实际上是一种新的"拿来主义",也是一种创新。这种创新就是在模仿的基础上加了一点自己的特色。

针对20世纪30年代这种"发扬国光"的复古潮流,鲁迅提出了"拿来主义"。不过,鲁迅的拿来主义与五四运动时期的一味模仿不同,他的拿是有选择的拿,为我所用的拿,不亢不卑的拿。他说:"总之,我们要拿来。我们要或使用,或存放,或毁灭……没有拿来的,人不能自成为新人;没有拿来的,文艺不能自成为新文艺。"

每个人的智慧都是有限的。用辩证的眼光看,每个人都有自己的长处,也有自己的短处。有个成语叫"他山之石,可以攻玉",意思是跟别的人或事相对照取人之长补己之短,或者吸取教训，以免重蹈覆辙，这就是"拿来主义"的好处。

"拿来主义"的目的是学习，学习的目的是让自己能更好地发挥聪明才智形成自己的独特风格。对于青少年来说，在学习知识的过程中会遇到很多问题，此时，如果能灵活借鉴那些学习好的同学的学习方法，让自己掌握不一样的"拿来主义"，把别人好的经验都拿来为己所用，那么就会大大提高学习效率。

以 iPod 为例，其造型选择烟盒大小，不是更大，也不是更小。硬盘是东芝生产的 1.8 英寸的硬盘，其滑轮选曲界面来自惠普早期的一款设备。

实际上，不光是 iPod 拿来主义，在乔布斯的产品创作中，随处可见。

1979 年，为了研发新型电脑，乔布斯决定到施乐公司研究中心参观。因为当时施乐为防止打印机、复印机等核心业务受到冲击，并没有将精力投放在计算机新技术 Alto 的关注上。

而乔布斯却是"识货"的人。他知道这项技术若继续开发，肯定会有前景。参观回来后，乔布斯就将从施乐公司看到的 Alto 新技术用到了苹果的系列个人计算机中。

再比如个人计算机上的 USB 接口技术，这项技术是英特尔公司发明的，但是苹果公司首先把它应用到个人计算机上，并使得这一技术广泛推广。

再比如，Wi-Fi 无线网络也不是苹果发明的，Wi-Fi 无线网络是美国朗讯公司开发的，但它像当初施乐公司的 Alto 一样并没有引起过多的关注。直到后来，苹果公司将这一技术用在笔记本电脑中，它才广为人知。

乔布斯曾经说过："我从不以偷窃别人的伟大作品为耻。"然而，"拿来主义"不是单纯的模仿，你必须理解伟大思想或作品的真正内涵，并把它转化为自己的思想。

"拿来"也可以衍生出创新，青少年做事想要事半功倍就要先学会"拿来"，这个"拿来"不是一味模仿，而是在模仿的基础上进行创新。

当然，从别人那里学习知识，借鉴别人的经验也是有讲究的，这里提供几点建议：

首先，要把握重点。即充分考虑自己的才能和爱好去加以选择。自己的才能结构如何？优势是什么？不足的地方又是什么？要做到心中有数。

其次，要注重理解。"知其当然"，还要"知其所以然"。阿基米德为什么能发现皇冠的秘密？曹冲称象的方法是根据什么？都要从理论上把它搞清楚。吸取不是机械地吸取，要在理解的基础上吸取，如果囫囵吞枣，就会"消化不良"。

最后，要懂得创造性运用。吸取的目的是更好地创造，因此，吸取之后我们要会运用。

在你身旁包围着你想象不到的机会和方法，青少年要经常留意那些有杰出成就的模式。如果某人表现突出，心里要立刻跳出一句话："他是怎么办到的？"同时青少年也要不断地思考，从你所看的每件事里挖掘特点，并学到实现的做法，那么只要你愿意，便能有相同的成就。

走自己的路，成功者需要走不寻常的路

我不在乎外界的评论，我一路都是在非议中走过来的。虱子多了不怕咬，我被人说惯了，无所谓了。这些年自己生生从一个老实听话的农村孩子变得逆反了，别人都说好的事儿我还不乐意干呢，别人都说这事儿不成，你别去，我还偏去了！

——张中行（曾在北京大学任教，著名学者、哲学家、散文家）

意大利诗人但丁曾经说过："走自己的路，让别人去说吧。"他告诉我们，要选择自己的路，然后坚定地走下去，不必在意别人的看法。敢于创新，就像第一个吃螃蟹的人必定面临着诸多反对的声音，但有时候并不需要理会，只要坚持自己的梦想，一直往前走。

我们每个人都是独一无二的，不要说"自己没有创造力，只能模仿他人"的丧气话，那是自欺欺人，给自己寻找不成功的理由。上天是公平的，它在赋予人们生命的同时，也将不同的天资潜入每个人的身体里面。你只需动动脑、努努力，就能把它充分挖掘出来，像所有成功者那样，在创造中成就自己的事业。

青少年应该把"走自己的路，让别人去说吧"作为自己的座右铭。一个人如果充分相信自己，他便具备了从事任何活动的信心与能力。只有敢于探索陌生的领域，才可能体验到人生的各种乐趣。

  那些被称为"天才"的名人,那些在生活中颇有作为的人,那些在社会上有影响力的人物,他们从不回避未知的事物,并且勇于探索,不在乎别人的议论,大胆地走自己选择的道路。只有走别人没走过的不同寻常的路,才能主宰自己的命运,开创自己的美好人生。

  世界著名物理学家李政道在一次听完演讲后,知道非线性方程有一种叫孤子的解。他为了彻底弄清这个问题,找来了几乎所有关于孤子理论的资料,然后这位大名鼎鼎的物理学家关起门来,专心致志地研究了一个多星期,寻找别人在这方面的研究中存在的缺陷和弱点。

  后来他发现,所有的文献都只是研究一维空间中的孤子,而在他所熟知的物理学中,意义更广泛的是三维空间。这是一个不小的缺陷和漏洞。

  对此,他经过几个月的深入研究,提出了一种新的孤子理论,并用这套理论处理三维空间的某些亚原子过程,终于取得了丰硕的成果。

李政道教授深有感触地说:"你如果想在研究工作中赶上或超过别人,你一定要摸清在别人的工作里,哪些地方是他们的缺陷。看准了这一点,钻下去,一旦有所突破,你就能超过人家,跑到前头去。"

成功,不走寻常路。李政道没有完全走前人的道路,而是独辟蹊径地走出了一条自己的研究道路,并取得了成果。那么,青少年在以后的求学或者成长道路上,也要用自己的"慧眼"敏锐地发现人们没有注意到或未予重视的某个领域中的空白、冷门或薄弱环节,全心钻研,努力做得更好。

那么,青少年要如何培养自己的创新能力,坚持走自己的路呢?

(1)不要害怕失败,把失败看成一份礼物。在生活中,我们经常会听到这样一些话:"我从来没有这样做过呀!""万一失败了怎么办?"这种想法往往会打消一个人创新的积极性,使人墨守成规,因循守旧。其实,失败了又怎样呢?成功并不等于夺取金牌,而是自我实现,求变创新胜于求成。

(2)不要被传统观念所束缚,敢于提出挑战。在一般的传统价值观里,会感到一切变动都是不必要的,新生事物都是坏的。其实,只有敢于面对新事物,你才会有新的收获。

(3)不要习惯于按老规矩或老习惯办事。这些人从来不去想老规矩、老习惯是否正确,认为只要是老的就是对的。多思考,多用新视角看问题,你会发现不一样的世界。

总之,生命是一艘巨大的船,我们要让自己成为掌舵人,选择自己的航道,哪怕这条路有时会有风浪,也会在航行的快乐中到达自己的生命彼岸。只要你坚持走完这条路,那就是成功的。

让自己拥有一双想象的翅膀

思想是人的翅膀,带着人飞向想去的地方。

——俞敏洪(毕业于北京大学英语专业,新东方学校创始人,英语教学与管理专家)

世界潜能激励大师安东尼·罗宾斯说:"想象力能带领我们超越以往范围的把握和视野。"爱因斯坦也说:"想象力比知识更重要,因为知识是有限的,而想象力概括世界上的一切,推动着进步,并且是知识进化的源泉。"而创新离不开想象这双翅膀,有了想象力的创新,才能"带着人飞向想去的地方"。

因为有了想象力,人们根据飞鸟发明了飞机;牛顿从下落的苹果联想到地球上的万有引力;瓦特从喷汽的壶盖想到了发明蒸汽机。

想象力如此重要,但我们大部分人一出生就在不断地被扼杀想象力。我们会被不断地告诫什么事情不能做,"你不能飞""你跑不了那么快""铁不能漂浮在水面上"……很多青少年由于大人和老师的"告诫",只能把一些天马行空的想法藏在脑中,不敢说出口，更别说去实现了。

然而，从古至今凡是有成就的思想家、发明家或是作家，无不具有超凡的想象力，并且敢于将之实现。在实现的过程中他们会经常遭到那些平庸的人的耻笑，但当他们创造出令人惊叹的作品后，人们才会发现原来他们的想法如此奇妙。

1931年的夏季，身为北京大学教授的李四光带着学生们到江西庐山实习。庐山位于长江南岸鄱阳湖边，山势峻拔。结合实地观察，他给学生们讲解了庐山的地质成因。

这一次，李四光领着学生登上庐山的含鄱岭。师生们都被眼前美丽的景色吸引住了。李四光环顾着白云掩映中的一座座青山，突然，他的目光停在了一条山谷里。他寻路下到谷底，发现这里的山谷非常平缓，而两侧的岩坡却很陡峭，谷底淡红色的黏土中夹杂着许多大大小小的石块和卵石。卵石的表面上隐约还能看到一些模糊的刻痕。这一切都给李四光留下了深深的疑问。这里是不是发生过冰川呢？他思索着这些问题，充分发挥自己的想象力，并在脑海里形成理论，眼下就是要找证据证实自己的理论。

第二年的暑假，李四光再次来到庐山。他每天早出晚归，实地勘察了庐山的所有山峰和谷地，收集了大量的资料。暑假结束后，他回到研究所，把这次野外调查的资料进行分析整理，并对照自己思索出来的系统性理论，最后得出一条结论：庐山在第四纪地质时期，至少经过了两次冰期，最后一次冰期历时最长。李四光又结合庐山地区和江南其他地区的观察结果，得出：中国第四纪冰川主要是山谷冰川，只有山谷冰川特别发育的山区，才有山麓冰川发生。这一观点，为以后第四期冰川的研究工作找到了打开第一道奥秘之门的钥匙。

1936年，李四光又登上黄山进行考察，这一次他有了更大的发现。他根据考察的结果写成《安徽黄山之第四纪冰川现象》，连同拍摄的照片一起发表在《中国地质学会志》上，再次引起了国内外地质学家的重视和好评。他对中国第四纪冰川地质的研究成果，作为一个范例，得到了地质学界的广泛承认。

李四光在考察庐山的时候，因为对山体的沉积物产生了疑惑，继而大胆想象，经过不懈的努力和求证，终于得到了震惊地质学界的研究成果。青少年想要成为一名出色的创新人才，必须具备一流的想象力，并且敢于将脑海中的想法实现。

有人曾说："想象力是灵魂的工厂，人类所有的成就都是在这里铸造的。"想象力具有神奇的力量，想象力是人在已有形象的基础上，在头脑中创造出新形象的能力，它是人类创新的源泉。

青少年想要有创新能力，一定要先培养自己的想象力，可以从以下几方面着手：

（1）要养成多提问题的好习惯。好奇心是推动我们进行创造性思维的内在驱动力。当不断提出各种各样的问题时，你要做的就是通过自己独立思考来寻找答案。

（2）丰富头脑中表象的储存。表象是外界事物在人的头脑中留下的影像。它是想象的基础材料，所以头脑中的表象积累得多，就有进行想象的丰富资源。经常去博物馆参观、到郊区游览等，都可以让自己记住许多的表象。

（3）扩大语言文字的积累。想象以形象为主，但要通过语言材料表达出来，因此，要扩大语言文字的积累。比如，备一个摘抄本，把阅读中遇到的名句、名段摘抄下来，平时可拿来翻阅。

（4）多在实践中获得知识。可以学一门乐器或学学绘画，这些都是培养创造力的好办法。或者，参加课外兴趣小组活动，每一种兴趣小组活动都有大量形象化的事物进入自己的脑海中，且需要进行创造性想象才能完成活动任务，这对提高想象力十分有益。

想象力在创新中的作用，就如同一棵大树是从一粒种子开始生长一样，想象力在依靠你所看到的这个现实世界逐渐萌发出来，然后逐渐长大，最终它会超越周围的建筑，长得最为挺拔或者飞得最为遥远。

突破思维定式，从新的视角看世界

上帝从不埋怨人们的愚昧，人们却埋怨上帝的不公平。

——海子（1983年毕业于北京大学，著名诗人）

美国著名作家马克·吐温说过："想出新办法的人，在他的办法没有想出以前，人们总说他是异想天开。"爱迪生说过："任何问题都有解决的办法，无法可想的事是没有的。"当我们认为一个问题不可能解决时，真正的问题是我们自己本身，由于我们的经验和习惯性思维才让我们无法想出高明的解决之道。绝妙的思维是存在的,但它们只存在于惯性思维之外。因此,要想找到解决问题的最好办法,我们就必须破除思维定式的束缚,从新的视角看世界。

大文豪苏轼曾说过:"横看成岭侧成峰,远近高低各不同。"的确,任何事物都具有多面性,从不同角度看问题,往往会引发不同的看法。所以,我们在生活中要懂得突破思维定式,从新的视角看世界,才能发现世界的美好。如果我们只会站在自己的角度看问题,那么我们永远不知道别人在想什么。这个世界上,有很多问题,站在自己的角度去思考可能永远不能了解或解决,而换个角度去思考就会发现一个全新的答案。

有位青年画家想努力提高自己的画技,画出人人喜爱的画,为此他想出了一个办法。

他把自己认为最满意的一幅作品的复制品拿到市场上,旁边放上一支笔,请观众们把不足之处指点出来。

集市上人来人往,画家的态度又十分诚恳,许多人就真诚地发表自己的意见。到晚上回来,画家发现,画面上所有的地方都标上了记号。也就是说,这幅画简直一无是处。

这个结果对年轻画家的打击太大了,他萎靡不振,开始怀疑自己到底有没有绘画的才能。他的老师见他前不久还雄心万丈,此时却如此情绪消沉,不明就里,待问清原委后哈哈大笑,叫他不必就此下结论,换一个方法再试试看。

第二天,画家把同一幅画的又一个复制品拿到集市上,旁边放上了一支笔。所不同的是,这次是让大家把觉得精彩的地方给指出来。到晚上回来,画面上所有地方同样密密麻麻地写满了各种记号。

"哦!"画家不无感慨地说道,"我现在发现一个奥妙,那就是:我们不管干什么,只要能使一部分人满意就够了。因为,在有些人看来是丑的东西,在另一些人眼里却是美的。"

青年画家从此大彻大悟,后来在画坛上也有了一番成就。

对于一个本质相同的问题,从不同的角度去思考和看待,会得到截然相反的答案。这就是一个世界的两面性,如果拒绝换位

思考，眼前的世界就永远是单一的，也会丧失与人交流的乐趣。学会换位思考，我们将获得另一半的世界。

生活中，青少年该怎么去解放自己的思维呢？

（1）要打破从众定式的束缚，具有"反潮流"的精神。

（2）要打破权威定式的束缚，具有质疑思维。

（3）要打破经验定式的束缚。从某种意义上来看，经验在大多数人那里都是一种框框，经验定式束缚了人的创造力的发展，只有善于突破经验定式的局限，充分发挥大脑的想象力，才能使思维迸发出创新活力。

（4）要打破书本定式的束缚。所谓书本定式，就是认为书本上的知识全是真理，是金科玉律，因而不敢越雷池一步。事实上，知识和真理要在实践中检验和发展。

换个角度看问题的意识和能力不但会让我们从容地面对生活，而且对我们的学习也不无帮助。当遇到难题的时候，我们有新视角、新思维，就可以勇敢地应对，从而做出正确的抉择，成就不一样的人生。

创意生活，不给思维设限

没有知识上的门户开放，不可能有真正的心灵扩展，而没有真正的心灵扩展，也就不可能有进步。

——辜鸿铭（曾在北京大学任教，学者，翻译家）

法国古典作家拉·罗什富科说："妨碍人们进步的，往往不是未知的东西，而是已知的东西。"人的思维方式如果长时间地按照一个方向去思考，那么就容易产生很多弊端，也会造成很多局限性，也就是所谓的自我设限。其实人的思维方式可以很广，青少年从小应该加强这种创意性思维的训练，以免被固有的呆板的思维模式所限制。

在北京大学，无论是祖师爷辈的老师，是师爷、师父辈的老师，还是刚刚转为老师的师兄师姐辈的老师，他们都特别喜欢鼓动学生"反对"自己的观点。他们经常在课堂上或课堂下对同学们说："你们在学习的过程中一定要多动脑筋，要善于从不同的领域和角度去分析问题，要学会发现新的材料、新的问题，要勇于发表自己的见解，善于提出新的观点或看法。"

北大这种鼓励创新和独立思考的教学方法开拓了学生的思维，培养了他们的创新精神，这对于他们日后的工作和事业是很有帮助的。很多人抱怨思维受阻、灵感枯竭，拿不出好的创意，其实思维没有界限，界限都是人在心里给自己设的。北大是广博的，她包容着师生们鲜明的个性，更允许学术上的"百家争鸣"。

考古学家邹衡学生时代第一次参加学术讨论会时，看到老师们针对马克思主义体系的问题各抒己见，甚至针锋相对，争得面红耳赤。对于看惯了千篇一律、万事一致的邹衡来说，这无疑点燃了他脑海中久被禁锢的思想火花。他深深地记得，不止一位老师说过："考试的时候，你们把我讲的内容全部复述出来，最多也只能得'良'，我要的是你们自己的思想。"

这种学术上的创新不仅开拓了他的思维，而且对他之后的工作思路和方法都是一个启迪、一份宝贵的思想财富。

创意是一种意念、是一种心情。创意出来的东西具备很多特点，它能让人感觉到一股盎然的新意，能够使人产生心灵上的触动。创意是一种学习，是一种积累，也是头脑接受大量的刺激从而碰撞出来的某种结果。青少年需要通过不断学习、不断接受新知识，来满足头脑对于知识的需求，这样才能有源源不断的新的想法产生。

生活中的我们总是循规蹈矩，缺少创新，通常都是自己给自己设限。所谓"思维一转天地宽"，当思路受阻时，不妨丢弃经验，用一个门外汉一个旁观者的眼光重新看问题。当一切问题迎刃而解时，你会发现原来一切都这么简单，简单到只需做一个动作，那就是跳出来。作为青少年，我们要学习这种创意性的思维和跳跃性的思维，不让行为意识被束缚在一个狭小的空间里。

处方三

坚韧不拔，伟大是熬出来的

迈进北大就等于迈进了挑战

上帝制造人类的时候就把我们制造成不完美的人，我们一辈子努力的过程就是使自己变得更加完美的过程，我们的一切美德都来自克服自身缺点的奋斗。

——俞敏洪（毕业于北京大学英语专业，新东方学校创始人，英语教学与管理专家）

考上大学是每位学生的愿望，考进像北京大学这样的名校更是每一位学生梦寐以求的事。一般而言，能考上名牌大学的学生，在中学里学习上都是出类拔萃的，不然他不可能在高考中取得足够高的考分被名校录取。优秀生考上名校顺理成章，可喜可贺，但是他们进入大学后，要面对的也是各个地区的佼佼者，要想从众多优秀学生中出类拔萃，也需要很大的挑战，也需要顽强刻苦的拼搏。

20世纪80年代，一位北大研究生说："北大文化密度太高。一般的书和论文多点少点差异不大，我们只有从灵魂深处挖掘最有学术价值的东西并用死劲写出高质量的著作。才能在林立的桅杆中耸立一支独特的桅杆，倘能如此，在全国也能新开一面，独树一帜，否则作为一北大学人是有愧的。"

可见，迈进北大并不是挑战的结束，恰恰是更大挑战的开始。

语言学家刘半农在新文化运动中做出了很大努力，也取得了很大成绩。然而他并没有满足于这些光环，他觉得作为一个北大教授，一定要在专业的学术上取得成就，才能配得上北大的荣誉。那时北大一些留学博士对刘半农的初中学历表示异议，认为他资历浅，且在一次关于编辑某杂志的编委会人选问题的讨论会上直接提到了学历问题。这样的讨论深深刺痛了刘半农敏感的心，于是，他又一次做出了一个大胆的决定——到国外攻读博士学位。

1920年2月，刘半农在教育部派遣下，以北大教授的身份带着妻女到欧洲学习。他打算用自己擅长的音韵学，选择实验语音学作为主攻方向。他们最先到了伦敦，然而战后的伦敦物价一路猛涨，加上刘半农的夫人又生了龙凤胎，经济显得很拮据。他从朋友那里得知法国国家图书馆藏书丰富，生活费用也比英国便宜，于是在1921年6月全家搬到法国，转入巴黎大学学习。巴黎的消费水平虽然比伦敦低，但对于一个仅靠薪金养活五口人的家庭来说也很不容易。

即使这样，刘半农依然没有退缩，在夫人的支持下，他坚韧地坚持着他的学业。同年9月，他写成《创设中国语音学实验室的计划书》，寄送给当时的北大校长蔡元培。按北大规定，出国留学的人要写日记，按月交给北大备查。但刘半农觉得写日记太零散，因此他把主要精力放在了著书立说上。几年时间，他著成《四声实验录》《汉诗声调实验录》和《语音学纲要》等重要学术作品。

经过多年的刻苦攻读，1925年3月17日，刘半农在法国巴黎大学博士堂参加了国家博士考试。他的博士论文《汉语字声实验录》还荣获了"康士坦丁·伏尔内语言学专奖"。

1925年9月,博士毕业的刘半农回到祖国,重新回归北大担任国文系教授、国学导师。他以"扎硬寨,打死仗"的精神继续着他作为实验语言学家的事业,把研究方向牢牢地定位在语音上面,并在北大创立了我国第一个语音乐律实验室,并开设了相关的课程,填补了我国在这方面的空白。

刘半农不是一个单纯的爬格子的人,而是一个杰出的实验语言学家。对于实验他事必躬亲,一会儿去故宫测试所藏古乐器的音律,一会儿去西北研究民俗,为各地的方言录音,收集俚曲小调,忙得不亦乐乎。此外,他还和赵元任、钱玄同、黎锦熙等人发起了"数人会",以讨论国语统一问题。为了中国实验语言学的发展,刘半农真可谓是不辞劳苦的猛士。

一些刚从中学考入大学的青少年学生,可能觉得原本基础较好,高考考分也不低,以为上了名校后,觉得十年寒窗苦苦拼搏的目标已实现,既然进了大学,那就可以放松放松了,丧失了之前的那种斗志。

其实他们忘记了上大学的目的是利用有利条件,学习掌握更多的知识和技能,从而为实现自己的人生理想打基础,在中学里,他们需要挑战的仅仅是北大的录取分数线而已,到了北大后,他们需要挑战的更多。

上大学完全不同于上中学,学习生活上强调自觉自律,不再时时有老师和家长督促、提醒。上大课的时候既没有人点名,上课也常常换教室,打一枪换一个地方,没人督促,课余自习,你既可留在宿舍,也可到图书馆或公共教室,学不学全凭自觉。对于长期被严格管束的青少年,突然间有了那么大的自由度,便约束不住自己,把学业丢在一边。

其实,上了名校,就等于来到一个更具挑战的地方,更需要下苦功夫,坚韧不拔地努力学习。赢得了高考,你只赢得了一张车票,赢得了之后的挑战,你才能赢得人生的奖杯。

在困境中,磨砺你的意志

生活中其实没有绝境。绝境在于你自己的心没有打开。你把自己的心封闭起来,使它陷于一片黑暗,你的生活怎么可能有光明!

——俞敏洪(毕业于北京大学英语专业,新东方学校创始人,英语教学与管理专家)

"登泰山而小天下",这是成功者的境界,如果达不到这个高度,就不会有这个视野。但是,你若想到达这个境界亦非易事,人们从岱庙前起步上山,入南天门,进中天门,上十八盘,登玉皇顶,这一步步拾级而上,起初倒觉轻松,但愈到上面便愈感艰难。十八盘的陡峭与险峻曾使多少登山客望而却步。游人只有凭借不达目的绝不罢休的精神,才能登上泰山绝顶,体验杜甫当年"一览众山小"的酣畅意境。

《羊皮卷》的作者奥格·曼狄诺说:"人生之路并非一帆风顺。

在成就事业的过程中，无论付出多大的代价，做出多少努力，无论如何坚持不懈，拥有激情，失败和挫折一样会降临到他的头上。"其实，人生中的每一次失败、每一次挫折，都孕育着成功的萌芽，这似乎是上帝的特意安排，为了让人们学会如何对抗逆境，走出困境。

困境是人生中一所最好的学校，是通向真理的重要路径，困境中的一切都教会我们在下一次的表现中更为出色。不对失败耿耿于怀，不逃避现实，才能不断从以往的错误中吸取教训，吸取来自苦难的精华。生活中最可怕的事情是不断重复同样的错误，每个人都要避免发生这样的事情，并拥有逆风飞翔的勇气，迎接生命中的每一次历练。

青少年学习知识不是一蹴而就的，也是通过每次的刻苦练习，一点一滴积累的，只要勤学不辍，持之以恒，就会由知之不多变为知之甚多。所以，有人说"勤学如春起之苗，不见其增，日有所长；辍学如磨刀之石，不见其损，日有所亏"。

史铁生17岁中学未毕业就插队去了陕西一个极偏僻的小山村，一次在山沟里放牛突遇大雨，遍身被淋透后开始发高烧，后来双腿不能走路，回北京后被诊断为"多发性硬化症"，致使双腿永久高位瘫痪，20岁便开始了他轮椅上的人生。

史铁生与各种病痛周旋了30多年，后肾病加重，转为尿毒症，必须频繁地做肾透析才能维持生命，只有中间不做透析的两天上午可以做一点事。即使这样，他也没有停止写作。他曾不无幽默地说："我的职业是生病，业余是写作。"

母亲猝然离去之后，仿佛一记闷棍将史铁生敲醒——在他被命运击昏了头的时候，他一直以为自己是世上最不幸的一个人。当史铁生的头一篇作品发表的时候，当他的头一篇作品获奖的时候，他多么希望他的母亲还活着，看到儿子用纸笔在报刊上碰撞开了一条小路，至少她不用再为儿子担心，欣慰他找到自己生存下去的道路和希望。

当他被生活的荆棘刺得满心疼痛时，他没有沉沦，而是勇敢地抬头，他看到母亲的眼神是荆棘上开出的美丽花朵，在陪伴他一路前行。他有一次在广州刚去医院透析完，就去领奖。透析之后是很痛苦的，然而他就那么静静地、微笑着面对每个人。

无论何时，当我们面对逆境时，都要想方设法将逆境变成催促我们前进的力量。人生的机遇就在这一刻闪现，苦涩的根脉必将迎来满园的桃红柳绿。其实，要想在逆境中获得生机，首先要有一种积极的心态，不要畏惧磨难，要学会将逆境和磨难视为人生的财富。

人生在世，难免与苦难为伍，挫折为伴，但正是这些苦难与挫折使我们的人生更加绚丽多姿。人生总是在波峰浪谷间航行，我们不可能总是处于浪尖，事事如意；我们也不可能一直陷入谷底，郁郁寡欢。

只要心中始终坚信：爱拼才会赢，那么我们的人生之舟必将扬帆远航，向着梦想的彼岸远行。

或许在通往成功的道路上荆棘密布，或许在朝向梦想的阶梯上困难重重，或许在连接成功彼岸的海面上狂风咆哮，但请记住能触礁的未必不是勇士,敢失败的未必不是英雄。只要我们能够轻视困难,藐视挫折,拿起披荆斩棘的一支利剑,必能使梦想在现实间拔地而起。

高尔基笔下的海燕不畏艰险,逆着风雨展翅飞翔,于是有了"让暴风雨来得更猛烈些吧"的千古绝唱。作为积极向上的青少年,虽然我们不是海燕,但我们应当比海燕更无畏,在生命的旅程中逆风飞翔。

不妨把挫折当成一次测试

摔倒了赶快爬起来,不要欣赏你砸的那个坑。

——沈从文(曾在北京大学任教,现代著名作家、历史文物研究家)

中国有句俗话:"世上无难事,只怕有心人。"自信自尊,勇于实践和奋斗不息是一个人取得成功最宝贵的精神和品质。无限光明灿烂的前途都要经历一定的曲折,只有不畏惧困难,我们才能在遇到困难的时候,披荆斩棘,奋勇向前。

生活中,很多人都会抱怨遇到的困难与成功路上的艰辛。但是困难也好,厄运也好,顺利也好,挫折也好,它们不会厚此薄彼,都是对每个人素质、能力、生命质量的一次大检验。面对困难和挫折,我们要勇敢地去应对,而不是首先被自己打败,畏首畏尾,不敢前行。很多时候,无休止的自怨自艾只会浪费时间,过多的惆怅会将人的锐气埋葬,太多的泪水会将前途淹没。

其实,困难和挫折都没有什么大不了。只要我们敢于面向未知,敢于向看起来严峻的困难挑战,就能开发自己的潜能,拓宽前进的道路。要知道,柳暗花明的幸福时光永远是靠自己的付出争取而得来的。敢于挑战,勇敢地向生活中的一些困难之事攀登。成功之前的挫折无非是对我们所学知识和能力的一次次检验,唯有扛过去,才有成功的可能。

邓亚萍就是个这样的人。

邓亚萍虽然身材矮小,但她凭借自己的凌厉球风,叱咤世界乒坛,让许多高大的球员望而生畏。在她的身上,似乎永远有一种斗志,让所有的不可能消失遁形。

邓亚萍从小就有一股练球的痴迷劲头,身为乒乓球教练的父亲对此也感到十分欣慰。她也一直在坚持自己的理想:我一定要把球打好,一定要成为一名优秀的乒乓球运动员。后来,为了进一步挖掘邓亚萍的潜力,父亲送女儿进省集训队。邓亚萍没有辜负爸爸的希望,在几个月的集训中,便所向披靡,就连高她半个头的队员都怕她三分。可是，就在小亚萍满心喜悦地等待进省队的通知时，她却得到了这样的通知：个子太矮，没有发展前途。

对于这个挫折，小亚萍没有气馁。第二天，父亲带着小亚萍来到郑州市乒乓球队。教练李凤朝毅然决定收下这个除个子不高之外，其他条件都有明显优势的小姑娘。来到市乒乓球队以后，她比以前更加勤奋训练，从来不因为个子矮小而减少自己的训练量和训练强度。

有一次训练，身材矮小的邓亚萍拼命追赶，仍然不能按时跑完3000米。教练铁青着脸，命令小亚萍再跑一圈。不合格，命令再跑……小亚萍的倔劲儿上来了，一言不发地跑着。教练看着大口大口喘着气、脚都抬不起来的小亚萍，心里有点不忍，才命令她停下来，但又不肯轻饶她，就用罚款5角的办法作为警示，并明确告诉小亚萍，什么时候合格，什么时候来领回罚款。

小亚萍知道教练的用心良苦，也知道要打好球，就要有比别人更强的体力，更灵活的跑动。在操场上，她不停地练习，不跑完、不达标誓不罢休。经过一次又一次的训练，她终于突破了自己，在规定时间内跑完了3000米。

在每一次失败的检测中，都能找到自己的不足，通过改善不足，针对性训练，邓亚萍赢得了她的成功。她以一股拼劲去迎战困难，不认输，不言弃，这种精神也是她最宝贵的精神财富，指引着她未来的人生获取更大的成功和人们的认可。生活中很多碌碌为无的人，缺少的正是邓亚萍这种在困难面前的攀登精神。

人生总是难以一帆风顺，孟子曾经说过："故天降大任于斯人也，必先苦其心志、劳其筋骨、饿其体肤、空乏其身，行拂乱其所为。"上帝在造人时，在赋予人类成长权利的同时，也给了人类许许多多的挫折和磨难。我们不妨把这些困难、挫折看作是我们人生的一次测试，迎难而上，克服困难，我们才能顺利拿到合格证书。

其实，人与人之间本身并无太大的区别，真正的区别在于是否敢于向困难挑战，"要么你去驾驭生命，要么生命驾驭你。你的心态决定谁是坐骑，谁是骑师。"在面对困难之时，有的人向现实妥协，放弃了自己的理想和追求；有的人没有低头认输，他们不停审视自己的人生，分析自己的不足，勇于面对，遭遇挫折失败时将其当成是对自己的一种测试，擦干眼泪继续向前，从而走出困境，梦想成真。

人生需要一种精神，让自己坚实地活在大地上。尼采曾经说过"那些没有杀死我的，都将使我更强大"，的确如此，挫折会将懦弱的人击垮，也会将强大的人磨砺得更强大，你是愿意被击垮，还是愿意更强大？

要想人前风光，就得人后吃苦

能吃苦方为志士，肯吃亏不是痴人。

——闵嗣鹤（北京大学教授，数学家，教育家）

明代冯梦龙《警世通言》写道："不受苦中苦，难为人上人。"正是俗语所说的"吃得苦中苦，方为人上人"之意，说的就是只有吃得了千辛万苦，才能成为优秀出众的人。

生活中，每个人都希望自己的人生能够一帆风顺，但上帝并不喜欢安逸的人们，他要挑选出最杰出的人物，就一定会让这部分人经历磨难。所谓"千锤百炼终成金"，人们只有经历过苦难，才会变得更加成熟，更加懂得珍惜。在苦难中成长，才能使我们变得坚强。

生命学家认为，困难和苦难是生命体不致退化的重要因素。一个生命体在没有任何困难和苦难的环境下生存，无论是身体机能还是心智都会退化，时间久了，就会失去应对困难和苦难的能力，最终会走上灭亡的道路。所以，苦难其实是上苍赐予我们的最好的礼物，我们不应该拒绝，而应该欣然接受。

世上但凡有成就的人，没有一个人是没有经历过苦难的。曹雪芹若非家道中落，必然难以写出旷世奇作《红楼梦》；鲁迅先生若非饱尝世态炎凉、人间冷暖，必然也不会成为文学斗士，正是苦难激发了他的创作激情。

毕业于北京大学中文系的小说家阎真一生的经历非常坎坷。他曾经盖过房子，打过零工，也当过厨师。后来，他考入北京大学，毕业以后从事文学创作，以一部小说《沧浪之水》获得了《当代》2001年度文学大奖，后来他本人也被评选为"进步最大的作家"。

1973年阎真高中毕业，没有大学可考，也没有机会政治推荐，就留在城里打了3年零工，帮人盖房子、挑砖、倒水泥预制板。有时灰尘汗水把眼镜片弄得一片模糊，走路跟跄，老被同行笑话。当时躺在床上，他最大的理想是去国营单位当个正式工人，再不用飘来荡去的。

那时他就特别爱读书。一天工作8小时，工资一块零六分。不管多累，清晨6点多他就起身，到偏僻的地方去诵读课本。韩愈的《师说》、柳宗元的《捕蛇者说》都在那时背下的，30多年过去了，依旧记得很清楚。要上工了，他就在手上抄10个英语单词，把挑土的担子一放下，就把手背扬起来记一个。

1976年他到技工学校学了两年铣工，毕业后分到株洲拖拉机厂，给拖拉机驱动轴的一个零件铣槽。那时机器是自动运转的，把零件放上去，过3分钟再取下来，一天要做几百根。

在整整两年的时间里，每一个3分钟他都没有浪费，对着书本不是背公式就是记古诗，也不管别人骂他书呆子。上班争分夺秒，下班后他顾不上换下油迹斑斑的工作服就直奔图书馆，一坐坐到关门。就这样，1980年，他考上了北京大学。

出国留学时，他也边打工边读书。那时，他最大的消遣就是到公共图书馆借书来读。《红楼梦》他读了4次，常常读得热泪盈眶。正是这部书教会了他写小说。

提起这10年打工的日子，阎真并没有觉得浪费了时间，反而觉得培养了他的平民化思想，使他懂得体恤底层人民的悲欢，加深了对社会的了解。"可以说，人生的每一段经历都是有意义的，就看你自己的理解。"

生活中，每个人都会遇到挫折，遭受苦难，甚至有时一些挫折的现状难以突破，一些苦难难以摆脱。面对这些困境，有的人便会不战而败，捶胸顿足、怨天尤人。这样的人永远也无法走出困难。真正能成大事者，总会满怀希望，同时表现出他们对人生积极乐观的态度。他们能以这种积极乐观态度在困境中主动寻找幸福，获得成功。即使是道路坎坷，荆棘绕身，他们也会乐观地奔向前方，直到幸福出现的那一刻。

成功的道路是布满荆棘的，需要我们用大无畏的精神去面对，然而，如果我们没有经历过苦难的洗礼，那么必然没有勇气去面对成功道路上的种种困难。苦难对于人生来说是一剂良药，它能使我们更加坚强。

苦难会让我们伤痛，会让我们迷茫，同样也可以让我们坚强，只有在苦难的打磨之下，我们才会愈加坚强。青少年本来就像是一把没有开锋的刀，而苦难就像是磨刀石，刀蹭上磨刀石会痛苦，却能够在痛苦中更加锋利。苦难是黎明前的黑暗，只有挺过了最黑暗的时间，我们才能够看到黎明的曙光。

人生需要一种精神，让自己坚实地活在大地上。青少年朋友应该明白，"台上三分钟，台下十年功"，的确如此，人生舞台上的每一个漂亮的动作，都是来自舞台下一次次跌倒后爬起，英雄不是从不跌跤的人，而是爬起来的次数比跌倒的次数多一次。

不经历创伤，你就不是那颗成熟的果实

我们无论做什么事，遇到失败，千万不要灰心，仍然要继续做下去。

——冯友兰（曾任北京大学哲学系教授，著名哲学家、教育家）

在人类的历史中，有太多在困境中取得成功的故事，他们每个人的事迹和拼搏精神都值得我们仔细琢磨，认真学习。这些故事有的讲述了人们怎样在黑暗中摸索，最终达到光明的境地；有的讲述怎样久困于痛苦与贫困之中，不断摸爬滚打与奋斗，克服艰难险阻，取得最后的胜利。这样一个个鲜活的故事，其主人公的背后都饱含着艰辛的努力和刻苦的学习与探索。

当我们踏上人生的旅程，涌入社会的潮流，总会在失败中磕磕碰碰，往往很多事情的抉择，没有对与错，只有它的缘由与结果。年轻的时候，总会好高骛远，一时兴起，乘风破浪，怀揣着美好憧憬的梦想，坚信自己能够驶向成功的彼岸，可正踌躇满志时，一旦遇到重重困难，经不起千锤百孔的打击，事倍功半，半途而废，如同白驹过隙，潮起潮落，来时太突然，去时不复返。

在人生的战场上，幸运总是降临在努力奋斗的人身上。凡是在世界上做出一番大事业的人，往往不是那些幸运之神的宠儿，反而是那些在困难中挣扎过来的苦孩子。例如：只有划水轮的福

尔顿，只有陈旧的药水瓶与锡锅子的法拉第，只有极少工具的华特耐，用缝针机梭发明缝纫机的霍乌，用最简陋的仪器开创实验壮举的贝尔……是他们通过自己的艰苦探索，克服重重困难，实现了自己的愿望，也推动了世界文明的极大发展。

没有人能安享一帆风顺的人生，总是会在生活中遇到各式各样的挫折。谁想过，即使是少年得志、一生严谨积极的胡适也曾有过一蹶不振的生活。不过，强者与弱者的不同就在于，弱者会被迷茫的人生所淹没，强者却不会在苦难的生活中沉沦，他们会清醒振作，走上新的生活道路。

胡适在《四十自述》中回忆，1909年十月，新公学解散，胡适也随之失学失业，他和几个朋友意气消沉，离开了学校，在外租了房子，靠索债、借债、典质衣物为生。

那是胡适生命的沉沦期。跟着那帮"浪漫的朋友"，不到两个月，打牌、吃花酒之类的勾当，胡适都学会了。他的生活一片混沌，学业没进步，只写了几首《酒醒》《纪梦》之类的诗。后来，王云五介绍胡适去华童公学教国文，不过胡适放荡的生活依然没有结束。

一天夜里，朋友们又约胡适去喝酒，酒后还一起打牌。回去的路上，拉车的见胡适大醉，就把他推下车去，拿走了他的马褂和帽子。

胡适东倒西歪地在路上走，遇到一位巡捕。他向巡捕问路，随即撒起酒疯，巡捕只好吹哨子，叫来了一部空马车，由两个马夫帮忙捉住他送到了巡捕房。

第二天早晨胡适醒时，发现身上没盖被子，只盖着一件潮湿的裘衣，急忙起来，看到铁栏和巡捕，才知道自己进了巡捕房。

胡适被送去审讯，因为是华童公学的老师，法官给留了面子，只罚款5元。

这件事给胡适触动很大，他第一次对自己几个月的放荡生活进行了反省，最终决定打起精神从头开始。自此之后，他与那些不上进的朋友断了交往，闭门读书，考上了庚款留美官费生，开始了海外求学之路。

尽管胡适曾有过这样一段放荡的生活，然而他很快迷途知返，并奋而向更高的目标努力，让人敬佩。这个故事让我们看到了一个真实的、与普通人一样经历过创伤的胡适，也让我们看到了一个拼搏向上、不与堕落的生活妥协的胡适。

当我们尝试着步入失败者的群体中对他们加以访问时，他们中的大多数人会告诉你：他们之所以失败，是因为不能得到像别人一样的机会，没有人帮助他们，没有人提拔他们。总之，他们是毫无机会了。但有骨气的人从不会为他们的平庸与失败寻找托词，从不怨天尤人，只知道尽自己所能迈步向前。他们不会等待别人的援助，他们自助；他们不等待机会，而是自己制造机会。

遇到挫折并不可怕，谁还不会遇到不如意的事情呢？强者与弱者的区别就是，弱者妥协于生活，而强者挑战生活。人生会经历许许多多的拐点，这些拐点你把握不好是挫折，把握好了就是转折。

事实上，没有几个人是含着金汤勺出生的，更多的成功者首先要做的事情是从困境中崛起，是创造机会而不是一味等待，困境可以锻炼一个人的品格，也可以激发一个人向上发展的勇气和潜力。在困境中，当被逼得退无可退，无路可走时，人们往往会想出办法来自救，无形之中反而促成了人生的辉煌。

生活中有很多人能抓住机会成功，还有更多的人没有抓住机会而啜饮人生的苦酒。作为青少年不应在渺茫的人生中沉沦，要时刻提起奋发向上的精神。时刻坚信，要想出头，就得奋力挣扎，若只是浑浑噩噩度日，只能将美好的年华葬送。

每一次挑战都是一次机遇

伟大的人生是不断接受挑战的人生，伟大的机构也是一个不断接受挑战的机构。不接受挑战的人生淡如白水，尽管干净，但不值得畅饮；没有挑战的机构将很快就会从人们的视野中消失。

——俞敏洪（毕业于北京大学英语专业，新东方学校创始人，英语教学与管理专家）

人生中总是充满着挑战和机遇。大多数人总是在翘首以盼机遇的来临，却不愿意勇往直前地迎接挑战。然而，这样没有挑战的人生，正如俞敏洪所说的那样，"淡如白水，尽管干净，但不值得畅饮"。或许，你以为自己专心等待，机遇会来得快些。殊不知，放弃了挑战也意味着放弃了机遇。

人们常说：机遇与挑战并存，每一次挑战都是一次机遇。我们只有时刻准备着迎接挑战，才不会失去机遇。只要你抱有坚定的信念，勇于挑战，就会有成功的那一天。纵观历史，每一个有所作为的人都经历过挫折和失败，面对这些挫折和失败，他们的态度是勇敢地去挑战，而不是退缩。改革开放的总设计师邓小平同志，他的一生中经历过3次大起大落，每一次都是一个严峻的挑战，但他始终保持着乐观的精神，每次都能在逆境中奋起，被国际社会称作"打不倒的小个子"。

因此，对于青少年而言，应该勇敢面对学习和生活中碰到的种种挑战，唯有如此，才能战胜困难，从而获得通往成功的机遇，相反，如果你在挑战面前犹豫、畏缩，甚至害怕挑战，那你就将失去机遇。

北大毕业的撒贝宁如今是央视著名的主持人，他在2001年电视主持人大赛上摘得了桂冠，一举成名。然而，就在参赛以前，他也曾经因为巨大的心理压力而恐惧和逃避过。

当时撒贝宁已经是《今日说法》栏目的主持人，他从自己主持的《今日说法》之后的广告得知这次主持人大赛。大赛的主题是选拔新的电视主持人，探讨新的主持人理念。这给人一种特别前卫的感觉，撒贝宁也有了跃跃欲试的冲动。

但撒贝宁冷静下来仔细考虑后，心里又充满了矛盾：一方面觉得自己是个新人，需要有一个证明自己的机会，想与众选手站在同一起跑线上较量出个高下；一方面又想到自己现在已经是《今日说法》的主持人，何必非要走这座"独木桥"，真的拿不到一个好的名次多丢面子呀。"不是因为不好，而是因为太好了。"他不由得在心里对这场比赛产生了排斥。他的排斥是人的一种本能的恐惧，面对竞争，从趋利避害的角度讲，撒贝宁想逃避。

但是，事情由不得他，撒贝宁的领导希望他参加这次比赛。在《今日说法》栏目主持了两年，领导认为他还是很有培养前途的，也曾提醒撒贝宁如果希望读完研究生后到央视正式当主持人，就应该尽早做一些准备，参加一些比赛也是很好的经历。直到报名的最后一天，同事捎话来说，主任强调一定要他去参加这次大赛。

事已至此，撒贝宁反而有了一种如释重负的感觉，"就像一个人站在游泳池边，既想跳下去又有些害怕，突然，被人踹了一脚，下去之后肯定会想这是谁干的，心里却是很感激的。我那时就抱着这种态度，终于有人帮我做了个决定。"

于是，撒贝宁毫不犹豫地到北广把名报了，心想，已经没退路了，干脆一闭眼豁出去了。撒贝宁是那种要干就尽全力的人，最终，他战胜了恐惧，一路过关斩将，获得了成功。

在成长过程中，青少年也会多次遇到像撒贝宁一样的情况，受到一些挑战的困扰。当面对挑战时，我们退缩了，也许并不是因为事情本身的难度，而是我们把它想象得太复杂了，因而不敢去面对它，而错失机遇。特别是在现实生活中，当一件事被认为是不可为时，我们就会为不可为找许多理由，从而使这个不可为显得理所当然，我们也就不会采取积极有效的行动，最终的结果肯定是这件事真的成了不可为之事。殊不知，勇于挑战，我们就能够击败许多"不可为"，充分地激发出个人潜能。

由此可见，挑战并不可怕，可怕的是缺乏挑战的勇气。命运不是天注定的，没有人敢断言你的失败与否，关键是看你是否有足够的勇气去迎接挑战。如果连这点勇气都没有，这已经证明了你的失败。

对于挑战者而言，除了要有挑战的勇气外，在面对困难的时候，更应具备必胜的信念，这样，才会有一种精神动力支撑着你去迎接胜利。美国著名作家海明威也曾说过:"人不是为失败而生。人可以被毁灭,但不可以被打败。"

可以说,在每个人的成长道路上,想要获得一定的成就,就要勇于迎接各种挑战,就要有勇气去面对身边的每一件事,怀着必胜的信念,哪怕前面困难重重,我们也应该力争上游,顽强拼搏。即使挑战失败了,也没有什么好遗憾的,吸取教训,总结经验,失败的教训也是一笔可贵的财富。相信在不断的挑战中,你会收获成功!

处方四

北大的『自信』不是『狂傲』

自信，让生命起航

我是对中国前途充满了希望，绝对乐观的一个人。我胸中所有的是勇气，是自信，是兴趣，是热情。这种自信，并不是盲目的、随便而有的；这里面有我的眼光，有我的分析和判断。

——梁漱溟（曾在北京大学任教，国学大师，著名的思想家、哲学家、教育家、社会活动家）

青少年想要成功，想要实现梦想，就离不开对自身力量的信任。有了这份自信，才能让生命起航，驶向成功的终点。

一般来说，我们对自己擅长的或者熟悉的事情是比较有自信，而对一些没有准备或者不擅长的事情会有自卑或者怯懦的心理。那么，我们不妨用自信的举动来培养自信，每天做一件力所能及的事情给自己以肯定，或者每天突破自己做一些从来没有做过的小事来超越自己。相信这样的日积月累，你会离自信越来越近，而离自卑和懦弱越来越远。

撒贝宁本科毕业的那年，央视的《今日说法》栏目才刚刚开始筹备，于是栏目组到北大去寻找主持人。结果撒贝宁的老师当场就推举了他，撒贝宁考虑了一下，觉得可以去试试。

也许是因为过度紧张，在演播室里，撒贝宁结结巴巴地背了一段有关"企业破产"的毕业论文。结果编导有些不耐烦了："停停，这是招主持人，不是让你背论文来了。"随之递给他一张报纸,"随便找一段,谈谈自己的想法。"

说起随便谈谈自己的想法,撒贝宁觉得轻松了很多,他便从中找了"美国一男孩因黑客被抓"一事,联想到北大的一个"邮件事件"说了一通。从容的表达和自信的言语,再加之自己的观点,撒贝宁顺利完成了试镜。两天后,便接到了"尽早加入节目运作"的电话。

面对一个陌生的环境,撒贝宁也难免会紧张,会不自信,但是,一旦找到熟悉的感觉,一瞬间内心充满自信,成功的概率也就大大提高了。梁启超说过:"凡任天下大事者,不可无自信心。"自信是一种无形的动力,同样可以激发人的潜力,调动一个人的积极性。一个人只有拥有了自信,才能树立必胜的信念,才能不断进取,才能战胜自我,让生命起航,最终到达别人难以企及的人生高度。

在古代有多少文人志士不是对自己充满信心,从而成就流传千古的名作,流芳百世呢?王勃在滕王阁上毫不推让,挥笔而就,同样因他胸中有千言,所以才能自信自己不会贻笑于大方之家,而他的赋果然字字珠玑,不仅获得满堂喝彩,也为滕王阁增添了一段佳话;李太白自诩天生我材必有用,敢凤歌笑孔丘,而不会被人所笑,就因为他知道自己有谪仙之才,是个天子呼来不上船的酒中仙;谢灵运说,"天下才共一石,曹子建独得八斗,我得一斗,天下才共用一斗",豪迈狂放,同样放眼天下,其才智也罕有人匹。

可以说,积极的心态、坚定的信心,是战胜困难和取得成功的重要力量。正如萧伯纳所说："有信心的人，可以化渺小为伟大，化平庸为神奇。"对于青少年而言，在生活和学习中也会面对严酷的考验和竞争，那么，我们一定要充满信心，相信自己能战胜一切，渡过难关。有信心就有勇气，有信心就有力量，信心比黄金更重要。

世上没有什么是不可能的，要相信自己能行，才能有成功的机会。如果连自己都胆怯，面对困难就犹豫不前，那么成功将永不属于你。因为在人生的道路上，只有那些拥有自信、敢于面对挫折、对生活抱有希望的人，才能勇往直前，走出阴霾，迈向光明的前程，让生命带着幸福起航。

不相信自己，就别奢望奇迹

> 没有什么人有这样大的权利，能够教你们永远被奴役。没有什么命运会这样注定，要你们一辈子做穷人。你们不要小看自己……
> ——鲁迅（曾任北京大学讲师，中国著名文学家、思想家、革命家）

成功学创始人拿破仑·希尔说："自信，是人类运用和驾驭宇宙无穷大智的唯一管道，是所有'奇迹'的根基，是所有科学法则无法分析的玄妙神迹的发源地。"可以说，强大的自信心，是一个成功人士的关键特质之一。一个没有自信的人，别说是实现奇迹,就他的任何想法都只能是遥不可及的幻想而已。即便这个人能够鼓足那么一点点勇气,也很难坚持走完剩下的道路。

自信的确在很大程度上促进了一个人的成功,从不少人的创业史中我们都可见一斑。自信可以从困境中把人解救出来,可以使人在黑暗中看到成功的光芒,可以赋予人奋斗的动力。或许可以这么说:"拥有自信,就拥有了成功的一半。"只有自信的人,才能做到敢想敢做,做到在困难面前不气馁,在非议面前不动摇,在障碍面前不放弃,在诱惑面前不分神,坚定不移地走自己的道路,直至成功。

约翰生下来的时候只有半只左脚和一只畸形的右手,父母从不让他因为自己的残疾而感到不安。结果,他能做到任何健全男孩所能做的事:如果童子军团行军 10 公里,约翰也同样可以走完 10 公里。

后来他学踢橄榄球,他发现,自己能把球踢得比一起玩的男孩子们都远。他请人为他专门设计了一只鞋子,参加了踢球测验,并且得到了冲锋队的一份合约。

教练却尽量婉转地告诉他,说他"不具备做职业橄榄球员的条件",劝他去试试其他的事业。最后他申请加入新奥尔良圣徒球队,并且请求教练给他一次机会。教练虽然心存怀疑,但是看到这个男孩这么自信,对他有了好感,因此就留下了他。

两个星期之后,教练对他的好感加深了,因为他在一次友谊赛中踢出了 55 码并且为本队贡献了分。这使他获得了专为圣徒队踢球的工作,而且在那个赛季中为他的球队得了 99 分。他一生中最伟大的时刻到来了。那天，球场上坐了6.6万名球迷，球是在28码线上，比赛只剩下最后几秒钟。这时球队把球推进到45码线上。"约翰，进场踢球！"教练大声说。当约翰进场时，他知道他的球队距离得分有45码远。球传接得很好，约翰一脚全力踢在球身上，球笔直地向前冲去。踢得够远吗？6.6万名球迷屏住气观看，球在球门横杆之上几英寸的地方越过，接着终端得分线上的裁判举起了双手，表示得了3分，约翰的球队以19比17获胜。球迷狂呼高叫，为踢得最远的一球而兴奋，因为这是只有半只左脚和一只畸形的手的球员踢出来的！

"真令人难以相信！"有人感叹道，但约翰只是微笑。他想起父母的话："你没有什么是不可以做到的。"

约翰并没有因为天生的残疾而感到自卑，实际上，他非常自信，他相信自己，只要经过努力就可以做与四肢健全的人一样的事情并达到目标。更值得欣慰的是，他发现了自己的专长并坚持下去，从而获得了成功。身体不是他自卑的理由，能力让他骄傲，他的自信心最终带他实现了在旁人看来不可思议的成功，让奇迹上演。

在生活中，我们总觉得奇迹是可遇而不可求的。其实，只要你相信自己，通过一番刻苦的努力，最终成功，这样的奇迹并非遥不可及。所以，青少年要相信自己，也要相信经过自身的努力可以让奇迹出现。

自信能唤醒人们内心沉睡的潜质，自信多一分，成功多十分。阿基米德曾经说过："给我一个支点，我就能撬动地球。"其实人生就是如此，当你对自己有信心的时候，你就发现做什么都会无比顺畅；而如果你总是对自己说不能，不相信自己，那么你就会惊讶地发现，即使是原本你擅长的事，也会渐渐变得生疏，甚至会失败。

那么，青少年如何做才能使自己信心满满呢？

一是坚信自己的能力，相信"我可以做到"。在做任何事情以前，如果能够充分肯定自我，就等于已经成功了一半。当你面对挑战时，你不妨告诉自己：我就是最优秀和最聪明的，我一定能够做到。无论在任何危急的困境中，都要保持自信，这样才能有一个乐观积极的心态。不论是那些风云人物,还是平平凡凡的你,你的自信可以让你焕发出迷人的魅力,可以感染无数你接触到的人。

二是坚信自己的选择是正确的、最优的。敢不敢坚持自己的主张,特别是在权威面前敢不敢坚信自己的主张,对于一个人十分重要。当然,这样做的基础是自己的主张有科学的依据,而不是胡乱瞎想。

也许你不是这个世界上最聪明的人,最有指望获得成功的人,但是你一定要相信自己是最优秀的,可以做得比别人更好。只要你有足够的自信心并且不断努力,你就能在未来的道路上最大限度地发挥出自己的潜能,让奇迹变成现实。

把自卑和懦弱甩出校外

为了一时的困难,就这样哭哭啼啼的,还想要自杀,真是没出息!你手中有一支笔,怕什么!

——沈从文(曾在北京大学任教,现代著名作家、历史文物研究家)

没有谁一生可以一帆风顺,不经历一点风浪,也没有人生下来就是失败者。然而,如果动不动就"哭哭啼啼","还想要自杀",却不相信可以凭借自己的力量去战胜困难,那样是"没有出息"的!可见,自卑和懦弱是成功最大的阻碍,如果让自卑泛滥，你将永远生活在悲剧的旋涡里出不来。只有战胜自卑和懦弱，你才能变得自信、勇敢，最终走向成功。

那些伟大的人也都经受风雨的考验和苦难的折磨，只是在遇到风雨和苦难的时候，他们不自卑、不懦弱，努力拼搏、永不言弃，相信自己能战胜困难，从而获得成功！

其实，强者不是天生的，强者也并非没有软弱的时候，强者之所以成为强者，正在于他善于战胜自己的软弱。尽量不要理会那些可能会使你不能成功的疑虑，勇往直前，即使有可能失败也要去做做看，其结果往往并非真的会失败。久而久之，你将从紧张、恐惧、自卑的束缚中解脱出来。医治自卑的良药就是：不甘自卑，发愤图强。

其实战胜自卑也没有那么难，因为自信是可以培养的，它不一定需要你有多大的能耐，多高超的技艺，哪怕是一个小小的优点，你都可以找到自信心。

其实，我们完全没有必要自卑，正如每一片树叶都有自己的一片风景一样，每个人也都有自己独特的地方。因此，你没有必要去艳羡别人的优点，也没有必要觉得自己一无是处。史上最伟大的推销员史勒格曾经说过："在我们真实的生命里，每一桩伟大的事业都是由信心开始的，信心是我们跨出第一步的动力，是驱散内心恐惧的阳光。"人要取得成功，首先要对自己有信心，有了自信，才有了战胜一切困难的勇气。

自信是我们成功的正能量，而自卑和懦弱则是导致我们失败的负能量。那么，青少年该如何克服自卑，培养自己的自信心呢？

1. 客观地评价自己

我们应尽力改变自己的缺点,同时也要坦然接受自己的缺点,这是一种基本的自我接受的态度。

2. 学会欣赏自己

欣赏自己的长处,欣赏自身优秀的品质,用这种欣赏和赞美来增加自我意识,增加自我接受程度和自我价值感,这样我们就可以获得自信。

3. 积极地进行自我暗示

积极的自我暗示的特点是不要在行动之前就去体验遭受失败后的情绪,即使在不利的情况下,也要鼓励自己信心百倍地去面对,常用"我行""我能"来鼓励自己,而不是用"我不行""我不能"来低估自己。

4. 准确定位,调整目标

在人生的道路上,除了要抛弃那些不合理的目标外,还要注意不要把目标定得太高,也不能太低,应该是通过努力能够达到的,而且,在不同的阶段还要对原有的目标进行调整。

5. 给自己放"电影"

在自己感到灰心,对某件事情缺乏信心的时候,将过去的成功经历在脑海中放映,以确定自己是有能力的。感受成功经验,也是重新树立信心的方法。

肯定自己，别人才能肯定你

自己都不相信的人怎能使人信服？
——林语堂（曾在北京大学任教，中国当代著名学者、文学家、语言学家）

哲学家罗素告诉我们："让我们学习信心的力量，那力量能让我们永远生活在对美好的憧憬中，而且在行动上回到真实的世界里，而眼前却永远有那个憧憬。"在我们的周围，并不是每个人都是天之骄子，能受到上天给予的恩宠。天降大任之前，我们首先要肯定自己的能力，发挥自己无限的潜能，最终才能获得别人的肯定。

相信没有人能替代自己，肯定自己很重要。也许我们的地位卑微，也许我们的身份渺小，但这丝毫不意味着我们不重要。"重要"并不是"伟大"的同义词，而是心灵对生命的允诺。人们常常从成就事业的角度，断定自己是否重要，但这不应该成为标准，只要我们时刻努力，为光明奋斗，我们就是无比重要地存在着，不可替代地存在着。

其实，每个向往成功、不甘沉沦者，都应该肯定自己，并且相信其实最优秀的人就是你自己，努力以主角的心情上台尽力演出，从而活出一个无怨无悔的人生。让我们昂起头，对着我们这颗美丽的星球上无数的生灵，响亮地宣布：我很重要。

肯定自己是一种由灵魂深处散发出来的很自然的心理，它会为你注入夺目的光彩。由于这光彩的吸引,你生命中的贵人便会悄然降临到你的身边,从而让你的生命大放异彩。如果一个人消极自卑,甚至思维混乱,精神萎靡,那么纵使有伯乐在他的身边,伯乐也终将弃他而去。人人都喜欢乐观自信的人,因为这样的人身上有无限魅力,更重要的是,人们将会受到他们积极正面的感染与影响。

曾任北京大学教授的刘文典对自己相当有信心。他长期潜心研究《庄子》。1939年,他推出了10卷本的《庄子补正》,当时的泰山北斗陈寅恪还为此书作序。此书一出便引起学术界的轰动,刘文典还被全国学术界尊为"庄子专家"。对此,刘文典颇感得意。在西南联大时,曾有人向刘文典问起古今治庄子者的得失,他大发感慨,毫不掩饰地宣称:"古今真懂庄子者,两个半人而已。第一个是庄子本人,第二个就是我刘某人,另外半个嘛,还不晓得!"

除了《庄子》,讲《红楼梦》也堪称一绝。有一次,鼎鼎大名的教授吴宓要讲《红楼梦》,刘文典知道后,也就近找了个教室,和吴宓对着讲《红楼梦》,公然唱起了对台戏。刘文典身着长衫,缓步走上讲台;一个女生站在桌边,用热水瓶为他斟茶。他从容地饮尽一盏茶后,霍然站起,有板有眼地念出开场白:"宁——吃——仙——桃——一口,不——吃——烂——杏——满筐!仙桃只要一口就行了啊……我讲《红楼梦》嘛,凡是别人说过的,我都不讲。凡是我讲的,别人都没有说过!今天给你们讲四个字就够了。"于是他拿起笔,转身在旁边架着的小黑板上写下

"蘅汀花溆"4个大字。他对于"蘅汀花溆"的解释是:"元春省亲游大观园时,看到一幅题字,笑道:'花溆'二字便好,何必'蘅汀'?花溆反切为薛,蘅汀反切为林,可见当时元春已属意宝钗了……"

然而,吴宓对刘文典也很敬重,常把自己的诗作请他润饰,还喜欢听他的课。刘文典也不介意,他讲课时喜欢闭目,讲到自以为独到之处时,会忽然抬头看向坐在后排的吴宓,然后问:"雨僧(吴宓)兄以为如何?"每当这时,吴宓照例起来,恭恭敬敬一面点头一面说:"高见甚是,高见甚是。"惹得学生们在底下窃笑。后来,吴宓在日记中写道:"听典讲《红楼梦》并答学生问。时大雨如注,击屋顶锡铁如雷声。"可见,吴宓不得不佩服刘文典的讲座魅力。

虽说刘文典的自信有点近似狂傲,但他确实有深厚的学识做底气,也正是由于他的这份自信赢得了师生的喜爱和敬重。其实,我们每个人都有自己的独特个性,有着自己的作用和能力。

然而可悲的是,有些人一生也未曾发现自己的过人之处。我们青少年应该好好静下心为自己做一个准确的定位,肯定自己的独一无二,自信地做自己认为对的事情。如果不去尝试,那么,我们永远不会知道自己的能量有多大。

很多时候,一件事情的成绩并不代表一个人的实力。所以,不要随便否定自己,告诉自己,无论前方的路有多遥远多崎岖,都能到达。要正确面对失败与挫折,认真总结经验教训,永不气馁。失败了并不可怕,可怕的是我们失败后不能采取一种正确的心态和行动。

正如哲人告诉我们的:"一个自我肯定的声音,可以让你找回遗失的自我。"失败是每个人在前行路上必经的坎坷,不要因为一两次小小的失败就怀疑自己,看轻自己,否定自己。我们只有肯定自己,才能被世界发现,获得他人的认可。

没有完美的人,只有本色的人

我一生写作自以为是比较随意的,秉笔直书,怎样想就怎样写,写成了也不太计较个人得失和别人的毁誉,这种性格的确曾给我带来过没有预计到的人生打击，但至今不悔。而且今天我还这样做。

——费孝通（曾在北京大学任教，著名社会学家、人类学家、民族学家）

  从小到大我们都有一个敌人，那就是"别人家的孩子"。这个"别人家的孩子"是那么的完美，他懂事听话，不会顶嘴淘气；放学后自动看书写作业，不会偷看小说、漫画和电视；他聪明伶俐，总考第一名；他德智体美劳全面发展，总被评为"三好学生"……所以，小的时候，我们会以他为榜样，努力做到像他一样完美。

  其实，没有什么是完美的。俗话说："金无足赤，人无完人。"国学大师季羡林先生也说："自古及今，海内海外，一个百分之百完满的人生是没有的。所以我说，不完满才是人生。"我们可以以优秀的人为榜样，不断努力，超越自己，成为更加完善的人，但是绝不能一味地追逐他人而迷失了自己。

  就像东施看到西施皱着眉头的样子好看，只知道一味地模仿，却不知道西施皱着眉头之所以好看的原因，结果引来别人的厌恶。著名社会学家费孝通先生就很坚守自我的本色，他说："我一生写作自以为是比较随意的，秉笔直书，怎样想就怎样写，写成了也不太计较个人得失和别人的毁誉，这种性格的确曾给我带来过没有预计到的人生打击，但至今不悔。而且今天我还这样做。"每个人都要根据自己的特点，保持自己独特的本色，才能变得自信，取得成就。

北大毕业的小刘去美国留学3年回来了，同学都说她更自信了，她说她有一个秘密。其实，这个秘密只是她的老师给她讲的一个故事而已：

凯蒂是个胖姑娘，而且她的脸使她看起来比实际还胖得多，为此，她从小就特别敏感和腼腆。

凯蒂有一个很古板的母亲。她总是说"宽衣好穿，窄衣易破"，所以总照这句话来帮凯蒂穿衣服。所以凯蒂从来不和其他的孩子一起做室外活动，甚至不上体育课。她非常害羞，觉得自己和其他的人都不一样，完全不讨人喜欢。

长大之后，凯蒂嫁给一个比她大好几岁的男人。丈夫一家人都很好，也充满了自信。凯蒂尽最大的努力要像他们一样，可是她做不到。凯蒂知道自己是一个失败者，又怕她的丈夫会发现这一点，所以每次他们出现在公共场合的时候，她都假装很开心，结果常常做得太过分。事后，凯蒂会为这个难过好几天，最后不开心到使她觉得再活下去也没有什么意思了，她开始想自杀。

后来，有一天，凯蒂与她的婆婆聊天，婆婆谈到怎么教养几个孩子时说："不管事情怎么样，我总会要求他们保持本色。"

"保持本色！"就是这句话！一刹那，凯蒂发现自己之所以那么苦恼，就是因为她一直在试着让自己适应于一个并不适合自己的模式。

凯蒂后来回忆道："在一夜之间我整个改变了。我开始保持本色。我试着研究我自己的个性、自己的优点，尽我所能去学色彩和服饰知识，尽量以适合我的方式去穿衣服。主动地去交朋友，我参加了一个社团组织——起先是一个很小的社团——他们让我参加活动，把我吓坏了。可是我每发言一次，就增加了一点勇气。今天我所拥有的快乐，是我从来没有想过可能得到的。"

很多人之所以不快乐，就是因为一生都在试图做别人，只是发现自身的一些不完美就开始怀疑甚至否认自己，一生都活在别人的影子里。这样的人生当然不快乐。

一个人的命运藏在他自己的心胸里，每个人都应该庆幸自己是世上独一无二的，应该认识自我，将自己还给自己，不遗余力地把自己的禀赋发挥出来。

古往今来的那些在诸多领域有所建树的先哲和大家们，面对自我，也往往会有困惑，他们也是不断地感受自我，保持本色，拥有自信，才找准自己的人生航向，扬帆起航，活出精彩人生。

因此，我们青少年也要懂得欣赏自己，认识到自己的独特，记住你就是你，不要勉强地去学别人。要欣赏自己，发挥自己的特长，只有觉得自己有用，你才会快乐。无论什么时候都要确定你的选择，然后勇往直前，要常对自己笑一笑，你平凡的人生就充满着不平凡，欣赏自己，多一份自信，就会有多有一份希望。

敢于毛遂自荐才会脱颖而出

当你是地平线上的一棵小草的时候，你有什么理由要求别人在遥远的地方就看见你？即使走近你了，别人也可能会不看你，甚至会无意中一脚把你这棵草踩在脚底下。当你想要别人注意的时候，你就必须变成地平线上的一棵大树。

——俞敏洪（毕业于北京大学英语专业，新东方学校创始人，英语教学与管理专家）

"毛遂自荐"的故事大家耳熟能详，说的是战国时赵国平原君赵胜门客毛遂舌战楚王，说服楚王出兵救赵，挽救赵国命运的故事。毛遂能够主动出击，抓住机遇，让自己在众多谋臣中脱颖而出，这不能不说是由于他对自己有着十足的信心和把握。

在现实中，有很多人不够自信，习惯于默默无闻地做一棵小草，但是一直很羡慕身旁的大树受到众人的注目。其实，就像新东方总裁俞敏洪说的："人是可以由草变成树的，因为人的心灵就是种子。你的心灵如果是草的种子，你就永远是一棵被人践踏的小草。如果你的心灵是一棵树的种子，就算被人踩到了泥土里，你早晚有一天会长成参天大树。"所以，想要出众成为焦点，首先你要相信你自己是一棵大树。

除了相信自己之外，还要勇敢地表现自己。有一种人常

感叹自己遇人不淑、时运不济导致了怀才不遇，空有一腔抱负无处施展。其实，既然相信自己是千里马，如果遇不到伯乐，不妨自己做自己的伯乐，勇敢地毛遂自荐。要相信，是金子总会发光的，只要你能够勇敢地站出来。

有一段时间，乔布斯一心想去印度探求有关人生、生命之类的真谛，但是他连路费都没有。他意识到自己必须找份工作，在积蓄路费的同时也养活自己。

有一次，他在翻阅《圣何塞信使报》时，看到了当地一家知名企业阿塔里公司的招聘广告。阿塔里公司是一家电子游戏开发公司，他们正在招聘一名电子工程师，当时他们在报纸上发出的招聘信息要求前来应聘的人必须受过正规大学教育，并拥有自己开发的电子游戏作品。

很明显，乔布斯不符合其中任何一条。但是，他认为这份工作非常适合自己，至于招聘要求他直接选择无视，两手空空、穿着随便地就去应聘了。面试乔布斯的人事主管认为乔布斯不符合他们的要求，因为乔布斯既没有表现出在电子游戏方面的独特眼光，更没有过硬的技术和丰富的经验，所以人事主管没有理由录用他。但是乔布斯对人事主管说："你们只有两种选择，要么录用我，要么报警。"像这样近乎撒泼耍赖的应聘方式，这位人事主管还是头一次见到。

人事主管无法应付这个"不合常规，倒行逆施"的乔布斯，只能把他带到阿塔里公司的首席工程师奥尔康那里。乔布斯让奥尔康吃了一惊，因为当时19岁的乔布斯不仅一副嬉皮士的打扮，衣衫不整，还光着脚丫子，关键是对游戏开发毫无经验可言。但是，乔布斯还是被录用了。这个决定实在让人意外，奥尔康后来说："我真不知道当时为什么会雇用他。他除了想做这份工作和有一点活力之外，没有任何优势。不过，正是他那种内心的活力吸引了我，只要有活力他就能把工作做好。"

这样一个看似不可能的工作机会，正是由于乔布斯的自信和敢于毛遂自荐，为他敞开了大门，最终他谋得了一份自己感兴趣的工作。可以说，有自信又懂得毛遂自荐的人，才能抓住机遇，把握自己的人生。美国石油大亨约翰·D.洛克菲勒曾经说过这样一句话："设计运气，就是设计人生。所以在等待运气的时候，要知道如何策划运气。这就是我，不靠天赐的运气活着，但我靠策划运气发达。"

正所谓："天生我材必有用。"作为青少年，我们一定不要轻易地就否定自己、轻看自己，要学会肯定自己、相信自己、展现自己。在生活中，我们要学会做自己的伯乐，发现自己，重用自己，即使是微不足道的优点，也要试着将它挖掘到极致。要相信自己是一块可塑之材，最大限度地展现自己，即使自己的条件并不比常人优越，也要勇敢地追逐，把每一次点点滴滴的收获都变成对于成功的暗示，鼓励着自己。如此锲而不舍地努力下去，总有一天你会崭露头角，有所收获。

处方五

专注，通往成功的捷径

有所不为，才能有所为

人一生中可以完成的事情是有限的，只有专注才能让自己变得优秀。所以说"有所不为，才能有所为"。

——李彦宏（毕业于北京大学信息管理专业，百度公司创始人、董事长兼首席执行官）

孟子说："人有不为也，而后可以有为。"意思是告诫我们：人要审时度势，决定取舍，选择事情去做，而不做或暂时不做某些事情。每个人的精力都是有限的，只有放弃一些事情不做，才能在别的一些事情上做出成绩。任何成功的获得都不可能简简单单、一蹴而就，所以，一个人要想做出一定的成就，就要做到有所为，有所不为。

李彦宏曾说："在人生选择道路上，每个人都时时刻刻面临着一些选择，我是一个非常专注的人，一旦认定方向就不会改变，直到把它做好，我相信搜索将对网络世界和我们的生活产生巨大影响。我的理想是'为人类提供更便捷的信息获取方式'，至今未变。"李彦宏在起家的时候，做的就是搜索引擎，十多年过去了，他做的仍然是搜索引擎。他说："搜索是我的本行，也是百度的专长之所在。做自己最擅长的事是我的人生格言。"

的确，只有做自己最擅长的事，才更可能成功。如果你总是拿着自己的缺点和别人的优点比，你永远都是失败者，你只有拿着自己最擅长的事和别人比才有胜算的可能。但是要做自己擅长的事情，就必须要舍掉那些自己不擅长的事情。我们不是超人，我们只有一心一意地从事自己最擅长的事情，才能把那件事情做好、做精。姚明只是擅长篮球；李娜只是擅长网球；齐白石只是擅长画画；朱自清只是擅长写文章……他们都只是在一个领域内独占鳌头，可是这就够了，这就足以使得他们享誉海内外了。

李安是中国著名的导演，2006年他凭借电影《断背山》荣获第78届奥斯卡金像奖最佳导演奖。李安之所以能在电影节取得如此高的成就，最主要的原因是他对于电影行业的执着和专注。

李安自小就对电影感兴趣，高一时李安插班，父亲拿了一张测兴趣的表让他填，可上面几百个科目，李安没一个喜欢的。父亲问："你喜欢做什么？"李安说："我想做电影导演。"所有人都笑，没人以为这是可能的事。大学填报志愿的时候，他填的是戏剧学院，可是两年他都落榜了。但是，他仍然不放弃，他就是想念戏剧。在第三年的时候，他终于考上了台湾大学艺术学院。大学毕业后，他又去美国留学接着读戏剧专业。

硕士毕业后，李安却没能找到一份跟电影有关的工作。为此他在家整整待了6年，这6年里他每天在家里大量阅读、大量看片、埋头写剧本。因为他没有工作，所有的支出都靠他的妻子一个人，家里的经济情况非常糟糕。为了帮助妻子分担，他在家也做菜、做饭、带孩子，变成了一个家庭主男。

物质贫乏、精神痛苦，别的同学都无法忍受这样的日子，纷纷转了行。可是他没有转，记者曾经问他：难道从来就没想过改行吗？他说："不能，改变不了，改变不了可能是心理上不愿意改。因为我知道，我做电影是很有天分的，我自己晓得，不做电影什么东西也不是。所以如果我要选择的话，我当然是做电影，如果我不去做电影，真的是改行，我想一辈子都会悔恨。其实就那么简单，我就耗耗耗，等等等。"

就这样，李安在拍第一部电影之前，在家整整待了6年。6年的等待与煎熬换来了他的一鸣惊人。他的第一部电影《推手》获了优秀剧作奖，台湾金马奖8个奖项的提名，亚太影展最佳影片奖。从此之后，李安就再也没有停过拍摄电影，最终成为世界著名导演。

有所不为，才能有所为。李安在家赋闲多年，在经济方面毫无作为，但是他的不为是为了自己的电影梦，在这些时间里他阅读了大量的书籍、看了大量的电影，为自己未来的一鸣惊人打好了基础。李安和我们每个人的精力是一样的，他也没有分身术。两者只能选其一，他为了在电影上有所作为，不得不舍掉那些可以挣钱的工作，不得不在家做一个家庭主男。

对于青少年来讲，有所为，有所不为，也要求我们要清楚自己在学习和生活中哪些领域可以有所为，知道自己的目标和擅长，只有对自己有了清晰的了解，才能做出下一步的决定。而且，我们必须要果断地做出决定，放弃那些对学习和生活有影响的活动，专注于心中的理想和目标，努力奋斗，坚持不懈。

没有什么人可以随随便便成功，也没有什么事情可以简简单单就能做成。想要在一个专业领域里取得被别人认可的成绩,需要不懈努力和长久坚持。有所为就得有所不为,有所不为是为了有所为。为或者不为,都必须由你自己来决定。不管是为或者不为,只要无愧于自己的心、无愧于自己的梦想就可以了。

学会拒绝,让自己更专心

一个有成就的科学家,他最初的动力,绝不是想要拿个什么奖,或者得到什么样的名和利。他之所以狂热地去追求,是因为热爱和一心想对未知领域进行探索的缘故。

——王选(曾任北京大学教授,著名科学家)

著名企业家冯仑讲过:"想在人生的路上投资并有所收益,有所回报,第一件事就是必须在一个方向上去积累,连续的正向积累比什么都重要。"而这样的积累需要专注才能完成。而且,一个人的精力是有限的,所拥有的资源也是有限的,我们不可能将所有事情都做得很好。所以,要学会拒绝一些无关事情的烦扰,才能让自己变得更专心,精力才能更集中,才会更容易收获成功。

在我们的生命中,无关紧要的事情太多了,多到我们经常会忘了前一分钟还在我们脑子里嗡嗡回响的东西,多到我们已经很难记起那个曾经让我们热泪盈眶被称之为梦想的东西。所以我们要时刻警惕烦琐杂事霸占了本该属于我们梦想的位置，干扰了我们的视线。学会拒绝外界纷扰，要抓住自己生命中的鹅卵石，并专注于此。

著名作家、哲学家梭罗就是这样做的。为了写《瓦尔登湖》这本书，他决心去森林中过两年隐居生活。梭罗以种豆和玉米为食，摆脱了一切剥夺他时间的琐事俗务，专心致志，去体验山林湖泊的景色与他心灵所产生的共鸣。这样，他从中发现了许多道理，从而完成了这本名著。

而北大的名师熊十力先生也是这样敢于拒绝，专心治学的人。

熊十力是除治学之外一切都不顾的人，所以住所求安静，常常是一个院子只他一个人住。20世纪30年代初期，他住在沙滩银闸路西一个小院子里，门总是关着，门上贴一张大白纸，上写：近来常常有人来此找某某人，某某人以前确实在此院住，现在确实不在此院住。我确实不知道某某人在何处住，请不要再敲此门。看到的人都不禁失笑。50年代初期他住在银锭桥，夫人在上海，想到北京来住一段时间，顺便逛逛，他不答应。他的学生知道此事，婉转地说，师母来也好，这里可以有人照应，他毫不思索地说："别说了，我说不成就是不成。"熊师母终于没有来。后来他移居上海，仍然是孤身住在外边。

学会拒绝对于身处这样一个浮躁的时代的我们，更加重要。因为心浮气躁，往往难以做到可以心平气和地专注于一件事情。所以，对于每一个成长中的青少年来说，一定要学会拒绝，才能明确自己的志向，使自己身心安宁恬静，全心投入到自己的目标上，最终会实现远大的理想。

而在学习生活中，很多青少年不会对别人的邀请说"不"，而把时间浪费在娱乐上，而耽误了学习的时间；还有的不会对自己说"不"，养成了懒惰的习惯，把时间白白消耗在推脱上。所以，想更好地专心做事情，就需要学会拒绝别人。我们不妨学习一下居里夫人是怎么做的。

1895年7月26日，28岁的玛丽·斯可罗多夫斯卡（后来，人们习惯称她为居里夫人）与皮埃尔·居里在巴黎郊区梭镇结为了夫妻。他们的婚礼十分简单，而他们的新房也是一间简朴的农舍。家中除了一张普通的床，一张普通的桌子，两把普通的椅子，再没有别的家具。

其实在结婚前，皮埃尔的父亲就打算送一套高档的家具，作为他们结婚的礼物，但被居里夫人婉言谢绝了。对此，皮埃尔很不理解，他觉得家中只有两把椅子实在太少，想要再添置些，以免家里来了客人没地方坐。

居里夫人劝阻他说："亲爱的皮埃尔，椅子多点是会带来方便，但是，客人坐下来后就不走了，我们要花费许多无谓的时间来应酬。与其这样，还不如两把椅子好，不受外人打扰，我们就可以一心一意地做实验，搞研究了。"

听了居里夫人的诉说，皮埃尔方才明白妻子的一番良苦用心。于是，他遵从了居里夫人的意见，没有再增添一把椅子。果然，当人们来到居里夫人家后，见家中连一把坐的椅子也没有，只得匆匆忙忙地离开。因为他们实在不愿意自己坐着，而让居里夫妇站着,也不愿意自己一直站着,以俯视的方式跟居里夫妇讲话,这都会让他们很不自在。

少了俗事的纷扰,居里夫人得以全身心地工作,她将自己大部分的时间和精力都投入到了科学研究中。

学会委婉拒绝,无论是在现在的学习还是在将来的工作中,都能在繁复的俗事中将自己解脱出来,从而将精力、时间集中到真正对自己有意义的事情上。

学会拒绝是一种自卫、自尊;学会拒绝是一种沉稳的表现;学会拒绝是一种意志和信心的体现。学会拒绝,可以让我们在学习和生活中更专心,更加全心地过自己想要的生活,成为自己想要成为的人,活出一个真正完美的自己。

成功者只想着自己要的,而非不要的

伟人之所以伟大,是因为他与别人共处逆境时,别人失去了信心,他却下决心实现自己的目标。

——海子(1983年毕业于北京大学,著名诗人)

正所谓:"不是聚焦的太阳不能燃烧。"从古至今,只要在事业上有所成就的人,都是心无二志、专注勤勉的人,他们最终取得成就无一不是"聚焦"的功劳。专注是通往成功路上的敲门砖,我们在追求成功、实现理想的道路上,必须学会舍弃一些东西，只有这样，才能将精力专注到想要的东西上，从而更能集中才智，将一件事情做大、做精、做强。就像俞敏洪将英语单词作为主攻方向，从而做到领域里的顶尖。

薛瓦勒是法国一个乡村的邮差。有一天，他在山路上被一块石头绊倒了。他发现绊倒他的石头形状很特别，于是，他便把石头放在了自己的邮包里。

当他把信送到村子里时，人们发现他的邮包里除了信之外，还有一块沉甸甸的石头。大家觉得很奇怪，便问他为什么要带着这么沉的一块石头。他取出那块石头，向人们炫耀："你们看啊，这是一块多么美丽的石头啊，它的形状这么特别。"

人们听到他这么说，便开始笑他，还劝他丢掉这块没用又沉重的石头。可是，他不理会人们的取笑，不肯扔掉那块美丽的石头。他晚上回到家，躺在床上，脑海里忽然冒出这样一个念头："要是我能够用这样美丽的石头建造一个城堡，那该有多美啊！"

从那以后，薛瓦勒每天除了送信之外，都会带回一块石头。过了不久，他收集了一大堆千姿百态的石头。可要建造一座城堡，这些石头还远远不够。于是，他开始用独轮车送信，这样每天送信的同时，可以推回一车子石头。

他的行为在人们看来简直是疯了。无论是他的石头还是他的城堡，都受到了人们的嘲笑。可他丝毫没有理会人们诧异的目光。

在20多年的时间里，薛瓦勒每一天都找石头、运石头和搭建城堡，在他的住处周围，渐渐出现了一座又一座的城堡，错落有致，风格各异。有清真寺式的，有印度神庙式的，有基督教堂式的……

1905年，薛瓦勒的城堡被法国一家报社的记者发现并撰写了一篇介绍文章。一时间，薛瓦勒成为新闻人物。许多人都慕名前来观赏薛瓦勒的城堡，甚至连当时最有声望的毕加索大师都专程赶来参观。如今，薛瓦勒的城堡已经成为法国最著名的风景旅游点之一，被命名为"邮差薛瓦勒之理想宫"。

一个普通的邮差成功建成他梦想中的城堡，还受到众人瞩目，就是由于他知道自己想要一座城堡，所以他每天都会为这一目标而努力，哪怕只是一小袋石头。其实，许多伟大的成就都是专注的结果。其实，无论在哪个行业，要做出一番成就，起决定作用的不是运气，而是你在这件事情上有没有倾心投入的专注。

腾讯创办人马化腾的成功，有人总结原因说是运气太好。而他自己则说："是对QQ的专注成就了今天的我。"长久以来，腾讯都在做而且只做完善和规范QQ服务的工作，是国内唯一专注从事网络即时通信的公司。马化腾每天大部分时间都在网上，他上网只有一个目的，在互联网的犄角旮旯里发掘新的商机。

"人能一其心，何不知之有哉？"意思是，人如果能够专心致志，那么什么事情办不到呢？成功与不成功之间的距离，并不像大多数人想象的那样是一道巨大的鸿沟。成功与不成功之间的差别只在一些小小的动作：成功者永远知道自己要什么，他们的精力只集中在一点之上，而不成功的人却总分不清什么是自己想要的，什么是自己不想要的，所以总是胡子眉毛一把抓，到头来一无所获。

所以，作为青少年，想要取得成功，就要像一个成功者那样思考，清楚自己想要什么，不想要什么，然后一心向着自己想要实现的目标努力拼搏，这样成功就会一步步向你靠近。

专心一点，小事不做难成大事

在我们的生活中最让人感动的总是那些专注为了一个目标而努力奋斗的日子，哪怕是为了一个卑微的目标而奋斗也是值得我们骄傲的，因为无数卑微的目标累积起来可能就是一个伟大的成就。金字塔也是由每一块石头累积而成的，每一块石头都是很简单的，而金字塔却是宏伟而永恒的。

——俞敏洪（毕业于北京大学英语专业，新东方学校创始人，英语教学与管理专家）

相信每个人都有一个伟大的梦想，而且在树立目标之初，也能坚定不移、一心一意地向着目标迈进。但是不久之后，有的人或者遇到了无法避免的挫折，或者遇到了令自己无法抵御的诱惑，于是在不知不觉中转移了注意力。此时，他们生命的航道开始偏离原来的目标，而且越走越远。

对于想要成大事的人来说，做人做事还需专注、务实，从小做起，戒骄戒躁、步步为营。只有这样踏踏实实的行动才可开创

成功的人生局面。柏拉图说过:"成功的唯一秘诀,就是坚持到最后一分钟。"很多时候,许多看似强大的人却脆弱得不堪一击,而那些似乎注定要失败的人反而创造了奇迹。这就像是马拉松比赛一样,这差别的关键就在于,成功者能够坚持目标,埋头去做,不言放弃,一直到最后一分钟。

这就是专注的力量,是所有成大事之人都必须具备的品质。专注同时也是我们对生活、对人生的一种态度,一个懂得事事都认真的人,一定是一个热爱生活且懂得生活的人。斯蒂芬·茨威格曾说过:"一切艺术与伟业的奥妙就在于专注,那是一种精力的高度集中,把易于弥散的意志贯注于一件事情的本领。"一个人如果能做到除了追求完整意志之外把一切都忘掉,把自己完全沉浸于对自我的提升之中,那他就是一个天才,他就能在求知的路上走得更远。

在中国的文坛，中国现代著名的文学家、翻译家梁实秋无疑是一位"马拉松"的健将。在20世纪30年代那个云谲波诡、百家争鸣的时代，作为文坛大将的他却甘心埋首书斋，只拨弄自己的"风月文章"，从不关心国事、政事。

当然，梁实秋"两耳不闻窗外事"，并不是消极避世、虚度光阴，而是在完成一件大事。从20世纪30年代任教于北京大学开始，梁实秋就着手开展了一项浩大的工程——对莎士比亚著作的翻译。此后，梁实秋就一心投入翻译上，这项工作从来就没有搁置过。终于在40年后的1970年，一部中国有史以来翻译最完全的《莎士比亚全集》问世了，梁先生也以这部巨著成为中国乃至于世界上最有影响力的莎士比亚研究学者之一。

试想如果没有40年的积累，光靠一朝一夕的冲动和热情，那估计梁先生连《罗密欧与朱丽叶》这一篇也是译不完的。成就在于积累，但更在于专注。想要实现梦想，办成大事，就要先专注于一件件小事，将一件件小事做好，做到底，才能最终成就伟业。

所以，青少年要想实现梦想必须要行动起来，专注对待每一个达成梦想的小事。只有既有行动又有专心的人，才能成就伟业，才能完成目标。半途而废，浅尝辄止，你的成功永远只能是梦。这个世界上，有一种人，寂寂无声，却永葆一颗专注的心，只是默默辛劳地努力着，坚持到底，从不轻言放弃，不目视其他。专心与恒心是实现梦想的过程中不可缺少的条件。专心与追求结合之后，便形成了百折不挠的巨大力量。事业如此，德业亦如是。每个人的成长都是一个漫长而坚毅的过程。

专注于脚下的路

人生的奋斗目标不要太大，认准了一件事情，投入兴趣与热情坚持去做，你就会成功。

——俞敏洪（毕业于北京大学英语专业，新东方学校创始人，英语教学与管理专家）

大诗人歌德曾说："无论从事什么样的工作，只要你具备了一颗专注的心，一定会有所成就。"人不必为天生的才智如何过多烦恼，能否成功在于自身的努力和拼搏，当然，这其中少不了专注。不是焦点的聚光，是不能起到燃烧作用的。

很多时候，环境好了，人受到的诱惑多了，就不能专注脚下的路，不能专心地做好一件事，所以无法成功。在艰苦的环境里，人可以一心一意，摒除干扰，反而能够取得一定的成就。就像新东方创始人俞敏洪说的那样，"人生的奋斗目标不要太大，认准了一件事，投入兴趣与热情坚持去做，你就会成功。"不要好高骛远，总是张望那遥远的目标；只有张望却不走路，是到不了目的地的；还有如果不专注于脚下的路，也很可能会像总是抬头看天的天文家一样，掉进井里。

在这个社会转型、经济高速发展、物质高度繁荣的时期，我们的机遇和迷惑也是如此之多。在纷繁复杂的环境中,我们更需要坚守自己的心,少一些浮躁,多几分耐心,穿过大街上闪烁的霓虹,朝着天边的那一抹晨曦坚定地走去。

"6岁那年,我从小村庄里走出,走向通都大邑,一走就走了90年。我走过阳关大道,也跨过独木小桥。有时候歪打正着,有时候也正打歪着。坎坎坷坷,跌跌撞撞,撞撞碰碰,推推搡搡,云里,雾里……"这是季羡林先生在回忆自己的过往历程时说出的一段话,记述了过去90多年里自己的经历和感受。

当今社会,许多取得突出成绩的人,都有着艰辛的过去,季老就是其中之一。但艰辛的过往没有泯灭他们对未来的崇高志向,他们用辉煌的梦想指引自己前进,用踏实、坚定的行动,专注于脚下的路,最后将理想在点滴中变为现实。

爱默生在晚年时反思自己一生的成就时说:"让我步入失败深渊的人不是别人,是我自己。我一生中最大的敌人不是别人,是我自己。我是给自己制造不幸的建筑师,我一生希望自己成就的事业太多了,以至于一事无成。"以爱默生的成就,他还这样反省自己,认为自己一事无成,足见他是多么的谦虚。不过我们能从他说的话中得到一个启示:做事必须专注、踏实,否则眼高手低、三心二意,只能一事无成。

欲成就大事的人,往往会专注于所从事的事情,紧紧抓住事情的关键,攻其难点和重点,实现质的飞跃,成就一番事业。天下的麻雀是捉不尽的,一只手也抓不住两只鳖。自古以来,人不能在同一时间内既能抬头望天又可以俯首看地,左手画方,右手画圆。

中国古代的铸剑师为了铸成一把好剑,必须在深山中潜心打造十几年。有道是"十年磨一剑",为了专心做好一件事,必须远离那些使你分散注意力的事情,集中精力选准主攻目标,专心致志地去做好你要做的事,这样才可能取得成功。

事事用心,做解决问题的高手

任何一项事业都是由琐碎的事构成的。一个没有理想的人,每天只忙于琐碎的事,那么他成就的只能是一堆琐碎的事;而一个拥有伟大理想的人,虽然每天也是忙于琐碎的事,可他堆积起来的事业是伟大的。

——俞敏洪(毕业于北京大学英语专业,新东方学校创始人,英语教学与管理专家)

在生活,我们遇到最多的往往是问题,而且,你不去找问题,问题也会找你,所以,要么就是你当猎手,去把问题"消灭",要么你成为"猎物",被问题"打倒"。对于问题有什么好的解决方法?其实很简单,只要事事用心,从问题本身出发,分析问题,就可以找到解决问题的方法。

事事用心,首先是大事小事都不能偏废。

有的人觉得生活中有那么多的大事小情,自己只要专心解决大事就好了，而那些小问题根本不值得一提。可是，所谓的大事，不就是由每一件小事积累起来的吗？俞敏洪曾经说过："一个拥有伟大理想的人，虽然每天也是忙于琐碎的事，可他堆积起来的事业是伟大的。"相反，如果忽略了琐事而只专注于所谓的"大事"，很有可能最后一事无成。

事事用心的另一个内涵，是难事易事都要直面。

还有的人害怕麻烦，一遇到问题就躲着走，而不是想着怎么去解决。清代文学家彭端淑在《为学》一文中这样说道："天下事有难易乎？为之，则难者亦易矣；不为，则易者亦难矣。人之为学有难易乎？学之，则难者亦易矣；不学，则易者亦难矣。"就是说，问题再多，都有方法可以解决。只要我们肯用心，肯专心学习研究问题，那么再难的问题都会迎刃而解。

俗话说，世上无难事，只怕有心人。很多所谓的难事，只要用心去解决，你会发现其实也很简单。

在一次音韵学课堂上，钱玄同讲到"闭口音"与"开口音"，有个学生站起来请他举个例子说明二者的区别。这是一个非常复杂的问题，很难用区区几句话说清楚，所以钱玄同想了想，决定用一个简短的故事来做说明。

北京有个唱京韵大鼓的美女，她有一口洁白整齐的牙齿，十分引人注目。后因一次事故掉了两颗门牙，使她在宴会中很不自在，于是她就尽量避免讲话，万不得已有人问话要答话时，就全用"闭口音"回答。如问："贵姓？"答："姓伍。"问："多大年纪？"答："十五。"问："家住哪里？"答："保安府。"问："干什么工作？"答："唱大鼓。"

这位女艺人把掉的牙齿补好了，再在宴席上与人交谈时，就全用"开口音"，以炫耀她的一口美牙。如问："贵姓？"答："姓李。"问："多大年纪？"答："十七。"问："家住哪里？"答："城西。"问："干什么工作？"答："唱戏。"

钱玄同对于学术研究的每一个问题都十分用心，所以才能如此深入浅出地解释如此复杂的问题，如果他仅仅因为复杂就放弃研究，他就不可能有如此高的学术造诣；如果他仅仅因为复杂就放弃解释，他的课堂也不会如此生动。

当然，事事用心，并不是说我们事无巨细，要做到面面俱到，而是说，通往我们专注的理想目标的道路上的每件事都要用心做到最好。也就是说，事事用心离不开我们对目标的专注，只有在大方向下的用心才会步步为营，取得胜利，否则，只能是精力散尽，事倍功半。

在人生的道路上还会有许多的艰难困苦，还会有许多我们想不出来的障碍。其实，解决问题的方法有许多，无论问题是小是大，只要沉下心来，你就一定有办法。再看每一个成功的人，都不会逃避问题，他们往往是想方设法地将解决问题视作自身能力提高的阶梯，每解决一个问题就是向上走了一层。渐渐地，你不仅成为解决问题的高手，而且还在不知不觉中走向了成功的巅峰。

处方六

开卷有益,腹有诗书气自华

博览群书,开启智慧之门

自由的读书,可以开茅塞,除鄙见,得新知,增学问,广识见,养性灵。一人的落伍、迂腐、冬烘,就是不肯时时读书所致。所以读书的意义,是使人较虚心,较通达,不孤陋,不偏执。

——林语堂(曾在北京大学任教,中国当代著名学者、文学家、语言学家)

著名的戏剧大师莎士比亚说:"书籍是全世界的营养品。生活里没有书籍,就像大地没有阳光;智慧里没有书籍,就像鸟儿没翅膀。"书,寄托着人类热切的希望。书,蕴含着人类丰富的感悟。读书可以使人超越动物性,不致沦为行尸走肉。可以说,是阅读拯救了我们,开启我们的智慧之门。

《论读书》一书的作者培根也说过:"读史使人明智,读诗使人聪慧,演算使人精密,哲理使人深刻,伦理使人有修养,逻辑修辞使人善辩。"相反,一个不读书、不求知的人,他的生活会是怎样的呢?

国学大师林语堂先生这样说:"那个没有养成读书习惯的人,以时间和空间而言,是受着他眼前的世界所禁锢的。他的生活是机械化的、刻板的,他只跟几个朋友和相识者接触谈话,他只看见他周围所发生的一切事情。他在这个监狱里是逃不出去的。"

但是,如果他走上读书、求知道路的话,那么一切都将改变。即使他只是开始读一本书。"他立刻走进一个不同的世界。

如果是一本好书,他便立刻接触到一个世界上最健谈的人。这个谈话者引导他前进,带他到一个不同的国度或不同的时代,或者对他发泄一些私人的悔恨,或者跟他讨论一些他从来不知道的学问或生活问题。"

美国著名作家杰克·伦敦在 19 岁以前还从来没有进过学校。他的童年生活充满了贫困与艰难,他曾是一个把大部分时间都花在偷盗等勾当上的问题少年。

然而有一天,当他拿起《鲁滨孙漂流记》时,人生从此发生了巨大的变化。在看这本书时,饥肠辘辘的他竟然舍不得中途停下来回家吃饭。第二天,他又跑到图书馆去看别的书,另一个新的世界展现在他的面前——一个如同《天方夜谭》中巴格达一样奇异美妙的世界。

从这以后,一种酷爱读书的情绪便不可抑制地左右了他。一天中,他读书的时间达到了 10~15 个小时,从荷马到莎士比亚、从赫伯特·斯宾塞到马克思等人的所有著作,他都如饥似渴地读着。19 岁时,他决定停止以前靠体力劳动吃饭的生涯,改成以脑力劳动谋生。于是进入中学不分昼夜地用功,从来就没有好好地睡过一觉,他用 3 个月的时间就把 4 年的课程念完,并通过考试进入了加州大学。

他怀着成为一名伟大作家的梦想,一遍又一遍地读《金银岛》《基督山伯爵》《双城记》等书,之后就拼命地写作。在 5 年后的 1903 年,他有 6 部长篇以及 125 篇短篇小说问世,并成了美国文艺界最为知名的人物之一。

酷爱读书促使杰克·伦敦的人生发生了巨大的变化，而且也为"知识改变命运"做了最好的证明。19岁的他通过博览群书，以及勤奋刻苦的写作，最终成为一名作家。青少年也应该向他学习，博览群书，刻苦学习知识，将来一定会学有所成。

读书求知就是置身于一个成功的环境，就是聆听贤达的教诲，就是与成功者做朋友，就是向成功者学习成功的方法。知识是创新的准备，是竞争力的"内功"，是成功的积累。

读书应该涉猎广泛。博览群书，方可有深厚的知识积累和文化积淀，才能让我们的思想有所升华。鲁迅先生就说："爱看书的青年，大可以看看本分以外的书，即课外的书，不要只将课内的书抱住。但请不要误解，我并非说，譬如在国文讲堂上，应该在抽屉里暗看《红楼梦》之类；乃是说，应做的功课已完而有余暇，大可以看看各样的书，即使和本业毫不相干的，也要泛览。譬如学理科的，偏看看文学书；学文学的，偏看看科学书；看看别个在那里研究的，究竟是怎么一回事。这样子，对于别人、别事，可以有更深的了解。"

那么，我们青少年可以从自己感兴趣的书读起，多读书，读好书，从中体会获取知识的乐趣，获取成功的条件和基础。

青少年如何通过课外书加强自身修养？

（1）思想修养方面。应多读一些有利于自己良好思想品德形成、良好行为习惯养成以及树立正确的人生观、世界观的书籍。如低年级可读一些英雄人物事迹等比较形象又有教育意义的书籍，随着年龄的增长，可以逐渐地增加一些富有哲理性的书，经典作家的名著名篇等。

（2）文学修养方面。我们的文学素养光靠语文课去培养是不够的，必须有足够的课外阅读作为补充和协助。可分阶段结合所学内容，广泛阅读古今中外的名篇名著，并在此基础上逐步形成个人爱好。不要把看课外书只当作消遣和娱乐，而是要从作品的背景、内容、思想、语言、技巧等各方面去理解和挖掘美的本质。要积极参加学校或班级组织的作品欣赏讲座、读书研讨会、书评等活动。

（3）科普读物方面。当今的时代，科学技术迅猛发展，不可能把日新月异的新概念、新知识随时补充到课本中去。这就需要我们结合学科学习，阅读一些科普读物或杂志。尽可能阅读一些科技类、史地类、社会学类、思维科学类等方面的书籍或文章。

学习虽然不能改变人生的长度，但可以改变人生的宽度和厚度。通过读书，我们可以视通四海，思接千古，与智者交谈，与伟人对话。对于一个生命有限的人来说，这是一件非常幸福的事。终有一天，我们能够通过不断的学习，使自己变成自己所期望成为的那种人。

读书是天下第一好事

论读书之乐云：古圣先贤，成群的名世的作家，一年四季的排起队来立在书架上面等候你来点唤，呼之即来挥之即去。行吟泽畔的屈大夫，一邀就到；饭颗山头的李白、杜甫也会联袂而来；想看外国戏，环球剧院的拿手好戏都随时承接堂会；亚里士多德可以把他逍遥廊下的讲词对你重述一遍。这真是读书乐。

——梁实秋（曾任北京大学教授，中国著名的散文家、作家、文学批评家、翻译家）

关于读书的好处，古今中外有不少的言论："书卷多情似故人，晨昏忧乐每相亲"（于谦）、"立身以立学为先，立学以读书为本"（欧阳修）、"读过一本好书，像交了一个益友"（臧克家）、"书是人类进步的阶梯"（高尔基）……出生于书香世家、曾担任上海文史馆馆长的张元济先生说："天下第一好事，还是读书。"又是"天下"又是"第一"，人类千百年来文明的不断发展，书籍是其中保存智慧、记录文明的重要手段。

书籍是贮存人类世代相传的智慧的宝库。后一代的人必须读书，才能继承和发扬前人的智慧。人类之所以能够进步，永远不停地向前迈进，靠的就是既能读书又能写书的本领。

读书是关系到人类文明继承发展的大事，好事。而对青少年来说，读书是对综合素质的全面提升的好事。当你在一排排书架面前，你怎么也骄傲不起来，你会痛感知识的贫乏，就会产生一阵阵强烈的不安和躁动，推动你、驱使你投身于知识的汪洋大海中。

然而，读书这件天下第一的好事有苦也有乐。因为面对浩瀚的书海，勤奋是唯一的路径。我国古代著名文学家韩愈有这样一句治学名言:"书山有路勤为径,学海无涯苦作舟。"意在告诉人们,在读书、学习的道路上,没有捷径可走,没有顺风船可驶。

这对于很多青少年来说,是一件苦差事。不过,想要在广博的书山、学海中汲取更多更广的知识,"勤奋"和"潜心"是两个必不可少的,也是最佳的条件。

鲁迅先生从小认真学习。少年时,在江南水师学堂读书,第一学期成绩优异,学校奖给他一枚金质奖章。

他立即拿到南京鼓楼街头卖掉,然后买了几本书,又买了一串红辣椒。每当晚上寒冷时,夜读难耐,他便摘下一颗辣椒,放在嘴里嚼着,直辣得额头冒汗。他就用这种办法驱寒坚持读书。由于刻苦读书,后来终于成为我国著名的文学家。

鲁迅先生读书,可以算是非常勤奋了,而另一位大学问家闻一多的故事,可以作为"潜心"二字的注解。

闻一多读书成瘾,一看就"醉",就在他结婚的那天,洞房里张灯结彩,热闹非凡。大清早亲朋好友都来登门贺喜,直到迎亲的花轿快到家时,人们还到处找不到新郎。急得大家东寻西找,结果在书房里找到了他。他仍穿着旧袍,手里捧着一本书入了迷。怪不得人家说他不能看书,一看就要"醉"。

古来成就大学问者,大多是醉心于读书之人,有人说,我不想做学问,不想当学者,我还有必要读书吗?

答案是,当然有必要。

三国时期吴国大将吕蒙没有文化知识,孙权鼓励他学习史书与兵法。吕蒙总是推说军队事多没有时间学习,孙权说:"你的事情总没有我多吧？我并不是要你去研究学问，而只是要你翻阅一些古书，从中得到一些启发罢了。"

吕蒙问："可我不知道应该去读哪些书？"

孙权听了，微笑着说："你可以先读些《孙子》《六韬》等兵法书，再读些《左传》《史记》等一些历史书，这些书对于以后带兵打仗很有好处。"

停了停，孙权又说："时间嘛，要自己去挤出来。从前汉光武帝在行军作战的紧张关头，手里还总是拿着一本书不肯放下来呢！为什么你就没有时间呢？"

吕蒙听了孙权的话，回去便开始读书学习，并坚持不懈。

后来，鲁肃来到浔阳的时候，鲁肃和吕蒙讨论事情，十分惊奇地说："以你现在的才干和谋略来看，你不再是原来那个吴下阿蒙了！"吕蒙说："将士离别三日，就要重新用新的眼光来看待，长兄为什么对认清事物这么晚呢！"

后人从这个故事中总结出三句成语："手不释卷""吴下阿蒙"和"士别三日当刮目相待"。可见，读书对于一个人的影响有多大。

在读书学习中不断更新自己的知识，在生命的延展中不断焕发希望和蓬勃之气，这不仅是种行为，更是种斗志和顽强的生命力。这也显示出书本中知识的魅力，在人生的各个不同阶段，知识能给人以不同的启发，虽至耄耋，学亦不止。

读书除了要"苦读"之外，还应该是有无上乐趣的。乐趣也是强大的驱动力。能带着乐趣读书的人，就能持之以恒，向深层次迈进。

大学者林语堂颇懂读书的奥妙,他深有所悟地谈道:"读书不可勉强,因为学问思想是慢慢从胚胎中滋长出来的。其滋长自有滋长的道理,如草木之荣枯,河流之转向,各有其自然之势。逆势必无成就。树木的南枝遮阴自会向北枝发展,否则枯槁以待毙。河流过了矶石悬崖也会转向,不是硬冲,就是顺势流下,总有流入东海之日。""凡是好书都值得重读的。自己见解愈深,学问愈进,愈能读出味道来。"

梁实秋先生在论读书之乐云:"古圣先贤,成群的名世的作家,一年四季的排起队来立在书架上面等候你来点唤,呼之即来挥之即去。行吟泽畔的屈大夫,一邀就到;饭颗山头的李白、杜甫也会联袂而来;想看外国戏,环球剧院的拿手好戏都随时承接堂会;亚里士多德可以把他逍遥廊下的讲词对你重述一遍。"

可以说,读书是一种高尚的精神需求,是一种精神享受。虽然求得知识和真理的过程是十分艰辛的,但它能给人带来一种满足,一种超然物外的、幸福的境界。

因而,我们就必须有一个好心境,要有积极的、昂奋的、饱满的情绪,才能使吸纳知识保持最佳或较佳的状态,体验这"天下第一好事"。

择其善者而"读"之

我要读世界上最好的书,以古人为友,领会最好的思想。

——贺麟(曾任北京大学教授,哲学家、黑格尔研究专家、教育家、翻译家)

作为国内首屈一指的百年学府,北京大学对读书的重视,毋庸讳言;同时,北京大学看重的并非现有的知识,而是读书和学习的方法,无论是历任校长、诸位教授,还是历届学子,都以自己的言行来提倡与践行勤学、善学的良好学风。贺麟教授更是提倡读世界上最好的书,与作者做"朋友",领会其最好的思想。

古往今来,人们对书籍重要性的阐述数之不尽,对书籍的礼赞之语也应有尽有。读书固然是好事,但若没有正确的选择,却可能因为迷失方向而好事变坏事。

比如说,翻阅一本好书,犹如打开一扇未知的窗户,展现在面前的是蓝天白云、青山绿水,呼吸着新鲜的空气,张开思想的翅膀,自由自在地驰骋翱翔。臻于此境,读书岂能没有甜滋滋的意味?一本好书可能会给人生带来转机,前途豁然开朗、一片光明;

而一本坏书却可能带来厄运，使人堕入无底的深渊。因此，有人会说："选择书籍不次于选择朋友。""一本坏书，比十个强盗更坏。"

北大教授钱理群曾向北大学生郑重推荐两部著作：《鲁迅全集》和《顾准文集》。推荐理由有二：一、这是20世纪两个"真的人"写的"真的书"，借用鲁迅的话说，"这是血的蒸气，醒过来的人的真声音"；二、学习中国传统文化。不要忘记了现代中国人开创的现代中国文化传统。青少年肩负着复兴祖国传统文化的重担，应该多阅读一些经典国学著作。

著名美学家，北大教授朱光潜则劝学生们不要读自己的书，让学生们能多阅读原著，来获取最原版的知识。

清晨的未名湖总荡漾着氤氲的雾气。一学子捧书于石上。晨风中，过来一位老者，他说："你在看什么书？"

答："朱光潜的《美学》。"

老者说："这书不值得看。他的东西，都是从国外的美学理论那儿来的。你直接看几本西方美学史就行了。"

学生不由得有些愤怒：从哪儿来的一个老头，竟敢如此贬低朱先生？他愤怒得猛然站起来，合上书就走。

没走几步，忽听见耳边有人招呼道："朱先生您好！"

回头一看，是几个挂红牌的研究生正恭恭敬敬地向刚才那老头行礼。

学生冲上去问道："您就是朱先生？"

老者含笑颔首："我告诉你，不要看他的书嘛！当年外国的美学还没有进来，大家看它很稀奇，现在，那些书都介绍进来了,你可以直接看原著。最好是英语原著,翻译的有偏差。"

学生面对朱先生,一时激动得说不出话来。朱先生中等身材,小四方脸,一双眼睛笑盈盈地看着学生。

后来学生才知道,朱先生患有极重的眼疾,近乎失明,可是那天学生记忆里的他分明双目炯炯有神。

蒙田曾说:"真正有学问的人,就像麦穗一样,只要它们是空的,它们就茁壮挺立,昂首睥视。但当它们趋于成熟、饱含鼓胀的麦粒时,它们便谦虚地低垂着头,不露锋芒。"朱光潜不愧是大师,不仅人格高贵,谦虚实在,而且还悉心指导学生们看书。那么,青少年如果有能力也应该多看原著,这样有助于我们领会原作者最初的思想情感。

"读一本好书,就是和许多高尚的人谈话。"这是歌德读书的经验。试想,一个经常在阅读沉思中与哲人文豪倾心对语的人,与一个只喜爱读通俗小说的人,他们的精神空间是多么不同,他们显然是生活在两个不同的世界中。在茫茫书海中,我们要力求寻觅上乘之作、经典之作,要多读名著,多读"大书"。所谓经典名著、"大书",需要经过时间的沉淀和筛选。一些社会学家曾做过统计,其结论是:至少要横穿20年的阅读检验而未曾沉没,这样的著作方有资格称为经典、名著。

《大英百科全书》董事会主席莫蒂然·J.阿德勒认为所谓名著必须具备六条标准:

(1)读者众多。名著,不是一两年的畅销书,而是经久不衰的畅销书。

（2）通俗易懂。名著，面向大众而不是面向专家教授。

（3）永远不会落后于时代。名著，决不会因时代的改变而失去其价值。

（4）隽永耐读。名著，一页上的内容多于有的书籍的整个思想内容。

（5）最有影响力。名著最有启发教益，含有独特见解，是言前人所未言，道古人所未道。

（6）探讨的是人生长期未解决的问题，在某个领域里有突破性意义的进展。

总之，择优读书，需要一种选择、琢磨的功夫。我们应汲取前人的经验，将读书效率提高一个层次。关于读书择优之理，德国哲学家叔本华早就指出：要坚持宁缺毋滥的原则，拒绝坏书，"应该去读那些伟人的，或已被事实证明是好书的名著"，只有这样，才能真正称得上开卷有益。

以有限之时，翻阅无字之书

自然、社会、人生这三部大书，都不是用文字写成的，故可称为"无字天书"。

——冯友兰（曾任北京大学哲学系教授，著名哲学家、教育家）

生活，是一所全日制学校，每个人都是这所学校里的学生。

我们每天都会在这所学校中,学习各式各样的人生课程,无论喜欢与否,它们都是以必修课的身份出现的,所以,我们根本无法"逃课",也无处可逃。生活无时无刻不在向我们传授知识与学问:大自然中的花鸟鱼虫,是我们学习的对象;社会生活中的人际关系,是我们必修的科目;人生的目的与道路,是我们必须思考的问题。

在自己的哭声中来到这个世界,在别人的哭声中离开。这是我们每个人早已注定的结局。可是,我们有能力让人生这本书多点欢乐,少些忧愁,充满笑声,减少遗憾。在人生轨道上,每个人都拥有一个属于自己的舞台,每个人都是主角与配角,哪怕它可能卑微至极,我们该在乎的不是做与不做,而是该怎样把它做得更好。或许,在这过程里,我们必须耗费很多的时间与付出更多的汗水,但成功以后收获的那份喜悦,已足以弥补。

冯友兰先生说:"自然、社会、人生这三部大书是一切知识的根据,一切智慧的源泉。可惜它们都不是用文字写成的,故可称为'无字天书'。除了凭借聪明,还要有至精至诚的心劲才能把'无字天书'酿造为文字,让我们肉眼凡胎的人多少也能阅读。"这三部"无字天书"中所包含的学问与智慧,不同于人们平常所说的学问,也并非在普通的学校教育中就能学会并掌握的,它们需要切身的实践与经历,才能一点一滴地获得。恐怕这也正是大众教育的缺陷所在。

针对这一点,澳大利亚的教育模式做出了相应的调整。在他们的学校教育中,有一项很特殊的课程——野外生存训练。这门课程从20世纪70年代便开始了，经过几十年的摸索并结合现代社会的发展，如今它已作为中小学生的必修课被全面推广。

孩子们从小学三年级，大概八九岁起，就开始接受野外生存训练了。野外生存训练的长短和强度根据学校的教学安排和学生的年龄有所不同，训练科目亦有许多种。

一些比较常见的训练内容有：

行军与露营：它要求学生自己背着行囊在特定的原始森林区或者野营训练区行走，食物常常是统一配给的罐头食品。晚上，一般露营在野外，要学会选择安全地点露宿，搭帐篷、生篝火，等等。

峭壁攀爬与下行：它训练学生两方面的技巧，一是从地面顺岩石向上攀登，二是从峭壁或岩石的顶部滑落到比较平坦的地方，腰间会系上绳子。

划艇与漂流：参加训练的孩子们都要穿上泳衣并配备救生设备，他们要掌握划桨的相互配合以及湍流漂流技术，学会避开激流，排除险情，在规定的时间内到达目的地。

丛林识途与越野：训练学生在深山丛林里掌握识别地图的技巧，凭借指南针准确辨别方向，在最短的时间内走出丛林。

显然，这些训练不仅锻炼了孩子的体力、技能和面对险恶环境的应变能力，更激发了孩子挑战自然的勇气，砥砺了他们坚强的品质。在这项特殊的课程当中，孩子们在同时阅读着自然、社会、人生这三部"无字天书"：他们面对的是险恶的自然环境，与平日里所看到的鸟语花香有着天壤之别；他们必须与同伴一起共渡难关，因为仅凭一人之力，几乎不可能走出险境；他们历经重重磨难之后，必然能对未来的人生立下更坚定的理想与目标。

参加这些特殊课程的孩子们，比其他人更早地开始阅读冯老所说的三部"无字天书"，更早地开始了对生活的认识与解读。正所谓：生有涯，而知无涯。在生活这所全日制学校中，在自然、社会、人生这三部"无字天书"前，我们必须像做学问般，刻苦努力，用"至精至诚的心劲"去学习，才有可能窥得冰山一角。

人生本身也是一部书，生活就是组成这本书的白纸。每一撇，每一捺，我们都必须认真、细致地刻画。我们都不能预测这本书的剧情会演绎成怎样，也不知道究竟何时该用哪一类型的符号，更不知道在哪一天会画上一个完整而无憾的句号。但也正因为如此，生活才有了酸甜苦辣的滋味，我们也更能领悟什么是人生的真谛。

所以，别再为深陷困境感到无法自拔，别再为些许的挫折而顾影自怜，也别再为社会的不公而愤愤不平。静下心来仔细看，你会发现，这些都是生活这所全日制学校，为你而特别设立的课程，都是"无字天书"中非常重要的章节。在这三部浩如烟海的"无字天书"面前，我们有限的人生虽显渺小，却也应竭尽全力翻阅它。

读书不思考，等于吃饭不消化

硬塞知识的办法经常引起人对书籍的厌恶，这样就无法使人得到合理的教育所培养的那种思考能力，反而会使这种能力不断地退步。

——林语堂（曾在北京大学任教，中国当代著名学者、文学家、语言学家）

英国作家波尔克说："读书而不思考，等于吃饭不消化。"无独有偶，我国理学宗师朱熹也说过："读书譬如饮食，从容咀嚼，其味必长；大嚼大咽，终不知味也。"他们都表达了读书不应该浅尝辄止，在阅读书籍的过程中，只有注重积极思考，开动脑筋，才能增长自己的知识，丰富自己的头脑，提高自身修养。否则，看过的书都变成了过眼云烟，没有吸收到真正的知识。

读书不思考，等于吃饭不消化。如果只是埋头读书，死读书，变成了书呆子，这书读的价值就不大了。读书、思考、感悟，这是读书的必经之路。感悟成为习惯，也就培养起思维的敏捷性、缜密性和深刻性，也就是要读思结合，把书读活。而读书所获，也应运用于生活中，增强与人交流的词汇量、语句的生动性和感染力，在习作中表达有法、语言生动、感悟深刻。但是从读到用并非一蹴而就，而是一个渐进的过程，必须有学以致用的意识，方可聚沙成塔。

孔子说"学而不思则罔，思而不学则殆"，意思就是在告诫我们，学习而不去思考，就会陷入迷茫；只空想而不学习，那就会懈怠而无所得。

　　我们在读书学习的过程中，更重要的就是要思考。如果只读书而不思考的话，就好比吃下了食物而未经过胃肠的消化吸收一样。我们学习知识，要通过思考来消化吸收，使之能变成自己的东西，并能从中创生出自己的新见解。我们无论是读书还是做学问，最为重要的就是要能够独立思考，融会贯通，有所创见。否则的话，即使书读得再多，也只不过是在"读死书"，即使学问再渊博，也很可能就是一个"超级搬运工"。

德国哲学家叔本华在《论阅读和书籍》中说:"如果一个人几乎整天大量阅读,空闲的时候则只稍做不动脑筋的消遣,长此以往就会逐渐失去自己独立思考的能力,就像一个总是骑在马背上的人最终就会失去走路的能力一样。许多学究就遭遇到这种情形,他们其实是把自己读蠢了。"当然,其本意并不是反对读书,而是反对只读书而不思考,不然难免就会越读越傻了。这也就是"皓首穷经"的书呆子学究与思想家的本质区别。

读书是人终其一生都不能有丝毫懈怠的永恒的大课题,是我们辨别是非、选择正确人生路途的根本所在,是一切能力的源泉,是对自己未来的一种"投资"。因此,我们的读书学习的目的,不仅仅要停留在"学会"上,更要注重"会学"。所以,读书要有一定的方法,才有助于我们更好地吸收思考书中的精华。

有一次,徐复观拜谒熊十力,请教应该读什么书。熊叫他读王船山的《读通鉴论》。过了些时候,徐再去时,说《读通鉴论》已经读完了。熊问:"有什么心得?"徐接着说了他许多不同意王船山的地方,熊未听完便怒声斥骂说:"你这个东西,怎么会读得进书!……这样读书,就是读了百部千部,你会受到书的什么益处?读书是要先看出它的好处,再批评它的坏处,这才像吃东西一样,经过消化而摄取了营养。譬如《读通鉴论》,某一段该是什么意义;又如某一段理解是如何深刻。你记得吗?你懂得吗?你这样读书,真太没有出息!"

关于读书的方法,梁漱溟说:读书"第一是要带着问题学,不要泛泛地读书,要为解决一个什么问题而读书。这样读书就读得进去，读得入，就不会书是书，你是你。就会在你的世界观起影响。"梁先生说自己"我从来不是为求学问当一个学者而读书。只为自己有两大问题在逼迫我，才找书来看的，看书是为解答自己的问题。自己的问题除了一个人生问题引我进入哲学之门外，中国的衰弱快灭亡则引我去留心政治经济这一类社会科学的书。"

无论是对何种书用何种方法去研读，读后的思考都是必不可少的。古人所说的"读书使人明智"，也是在于此。光读书并不能让人聪慧多少，真正能让人从精神上得到提高的是读书之后的吸收，也就是思考。好读书而不求解那就像是喝白开水一样，也能喝得很饱，但却不能给自己提供任何营养。

很多青少年在读书时，不喜欢动脑筋，总希望家长或者老师能帮助解读书中含义，就像儿童启蒙习字时，用笔按照教师以铅笔所写的笔画依样画葫芦一般。没有了思考的读书，虽然会觉得很轻松，但是对于我们学习知识是很不利的。

在阅读书籍的时候应该做到眼看到哪里心就要跟到哪里，不断地提高探索，反复思考，不断地提问为什么。防止浅尝辄止，读书要做到"心到、眼到、口到"。这里的"心到"就是说在读书的时候，要认真地思考和领悟，不要只注重追求数量和速度，而不去讲究质量，只看了几遍，只知道书的内容却不知道它到底讲些什么，要切忌小和尚念经——有口无心。

对此，梁漱溟先生就主张读书要有自己的见解："会读书的人说话时，他要说他自己的话，不堆砌名词，亦无旁征博引。反之，一篇文里引书越多的一定越不会读书。"

书是人类智慧的结晶，而读书给我们的不仅仅是知识的增加，修养的熏陶，还在于主题的感悟和情操的陶冶；要做到每读一本书，思想上就受到一些触动，道理上就有一些感悟。

所以，读书要多疑勤思，与作者进行心灵的对话，才能促进自己逐渐进行深入的思考，实现审美能力、思考能力和判断能力的全面提升。

鲁迅的"随便翻翻"读书法

书在手头，不管它是什么，总要拿来翻一下。

——鲁迅（曾任北京大学讲师，中国著名文学家、思想家、革命家）

书籍是知识的重要载体，蕴含着千百年来人类的智慧与理性，而这些智慧和理性也使得书籍灿然有光。书籍是一种工具，它能在黑暗的日子鼓励你，使你大胆地走入一个别开生面的境界，使你适应这种境界的需要。

然而，拥有了书籍不代表你就拥有了智慧。有了书还要经常翻看，才能汲取其中的知识，而不应该像有的人只用很多精装的书籍来装点自己的门面。也有一些人将读书作为一种仪式，总是要求"天时地利人和"的时候，才能够打开书本来阅读。

其实，阅读很简单，只要有空随手翻翻就可以毫不费力地开始阅读了。鲁迅先生酷爱读书,一生手不释卷,勤读不辍。他还非常关心青年们的读书方法,常撰文把自己的读书方法介绍给青年们。

鲁迅的视野极其开阔,阅读的范围很广。他主张"博识",认为读书人应"放开肚量,大胆地、无畏地、尽量地吸收"古今中外各类知识。1934年,他写过一篇《随便翻翻》的短文,专门介绍了他称为消闲的读书"随便翻翻法"。

鲁迅说他自小就养成"随便翻翻"的读书习惯,"书在手头,不管它是什么,总要拿来翻一下。或者看一遍序目,或者读几页内容,到得现在,还是如此。不用心、不费力,往往在作文或看非看不可的书籍之后。觉得疲劳的时候,也拿这玩意来做消遣了,而且它也的确能够消除疲劳。"

在种类繁多的、观点不同的众多书籍中,不仅有毫无益处的,而且还有"毒品"或"麻醉品"。究竟怎样才能鉴别书籍的真伪或优劣呢?鲁迅主张用"比较法","讲扶乩的书,讲婊子的书,倘有机会遇见,不要皱起眉头,显示憎厌之状。也可以翻一翻;明知道和自己意见相反的书,已经过时的书,也用一样的办法……这也有一点危险,也就是怕被它诱过去。治法是多翻,翻来翻去,一多翻,就有比较:比较是医治受骗的好方子。"

爱读书,养成读书习惯,这是进行知识储备的重要原则,也是一个人一生成功的重要起点。我们青少年可以从自己感兴趣的书读起,多读书,读好书,从中体会获取知识的乐趣。而鲁迅先生的"随便翻翻"读书法就十分适合青少年。

"随便翻翻"的第一个好处就是快速、便捷。只要手边有一本书,只要你有一点空闲时间,都可以拿起来翻一翻,哪怕是一段话、一个目录,都是知识的积累。等积少成多,你的知识也就丰富起来了。

"随便翻翻"的第二个好处就是广博、面大。阅读的面越广,我们的眼界也越开阔。当然不是说,什么书都看,就是要什么内容都接受。对于那些是我们不喜欢看的书,或者是过时的书,我们也可以从中找出问题的所在,对其进行批判。

不过,值得注意的是,"随便翻翻"不是不求甚解。古语"学而不思则罔",阐明了读书不注重思考的危害,如鲁迅所言,"倘只看书,便变成书橱,即使自己觉得有趣,而那趣味其实是已在逐渐硬化,逐渐死去了。"鲁迅看书学习,决不马马虎虎,以一知半解为满足,而是经常琢磨、推敲,反复对照、比较。鲁迅少年时,教师出"独角兽"三字要求学生对仗,有的学生不假思索就用"两头蛇""九头鸟"等来对,最后只有鲁迅的"比目鱼"受到夸奖,就是因为鲁迅从《尔雅》中的"东方有比目鱼焉,不比不行"的句子对出来的,"独"能表数目但不是数字,只能用"比"一类的词来对。

如果青少年要像鲁迅先生那样在广博的基础上,也对所学的知识达到专精的程度,那么,在读书的过程中,要注意下面几点:

(1)硬看。对较难懂的必读书,硬着头皮读下去,直到读懂钻透为止。

（2）专精。以"泛览"为基础，然后选择自己喜爱的一门或几门，深入地研究下去。

（3）活读。读书时要独立思考，注意观察并重视实践。

（4）参读。读书时可以参读作者传记、专集，以便了解其所处的时代和地位，由此深化对作品的理解。

（5）设问。就是拿到一本书，先大体了解一下书的内容，然后合上书，可一边散步，一边给自己提一些问题，自问自答：书上写什么？怎样写的？为什么这样写？要是自己，这个题目又该怎么写？

处方七

激发潜能,能力是这样『炼』成的

定目标、沉住气、悄悄干

有人说:"板凳甘坐十年冷,文章不说一句空。"今天我跟年轻人讲,我说今天这样子,下海出国我不反对,每个人有每个人的想法,可是问题是,我们世界文化、中国文化能够传下去,还是靠几个人甘心坐冷板凳的,赶热潮那人多得很,坐冷板凳的人就少得很。

——季羡林（曾任北京大学副校长,中国著名文学家、语言学家、翻译家、散文家）

《庄子》开篇的《逍遥游》中有一段话这样写道:"北冥有鱼,其名为鲲。鲲之大,不知其几千里也;化而为鸟,其名为鹏。鹏之背,不知其几千里也;怒而飞,其翼若垂天之云。"

庄子说深海里有条鱼,突然一变,变成天上会飞的大鹏鸟。鲲化鹏这个问题含意丰富,包含了两个方面——"沉潜"与"飞动"。潜伏在深海里的鱼,突然一变,变成了远走高飞的大鹏鸟。

庄子是想告诉我们这样一个道理:有大志向的人,他虽然会在人生的某个时刻,或是事情还没有成功的时候,跌入深谷,沉滞不前,但等到修炼到相当程度的时候,就可以扶摇直上,展翅高飞了。相反,一个人若没有目标,不懂得沉潜蓄势,又不懂暗下苦功提升自我,那么他的人生很难有真正的成就。

现在的青少年面对的世事纷扰很多，常常不是眼高手低，就是没有恒心定力，做事情容易三分钟热度，半途而废。所以，季羡林先生才会发出"赶热潮那人多得很，坐冷板凳的人就少得很"这样的感慨。他希望我们青少年能定下目标，沉住气来，好好学习，做出成绩来。

首先要定目标。一个人在出发之前，总得问问自己到底要去哪里，如果不知道去哪里就出发，不是原地徘徊就是胡走乱撞，这样永无出头之日。红军两万五千里长征取得胜利，就是向着目的地一步步艰难前进才取得的，而如果没有目标，胡走乱走，那很可能就没有后来的胜利结果了。定目标不仅仅是简单地设定目标的问题，而是要根据实际情况和自身能力来设定一个适合的目标。随着我们自身不断进步，目标也会随着变得越来越高，最终实现最大的目标。

俞敏洪被媒体评为最具升值潜力的十大企业新星之一，20世纪影响中国的25位企业家之一。俞敏洪的创业、创富故事，已被演绎为一种难能可贵、不可复制的传奇。他用自己的故事告诉莘莘学子人生没有你认为不可能发生的事情，只要不放弃努力。

俞敏洪是班里唯一出身于农村的学生，讲普通话常被人们讽刺成讲日语，从A班调到最差的C班。在北大时，别人津津乐道的校园爱情与他也完全无关。在大学经历一场大病之后，俞敏洪放弃了通常意义上"要比别人强"的"上进心"，而是开始寻找真正让自己一想起来就激动的未来。

俞敏洪曾经说过："唯一不可预测的是人，因为他会不停地成长，因此，即便现在的你出身不够好，学历不够高，人长得不怎样，也请不要否定自己，人生永远有你认为不可能的事情发生，只要不放弃努力。"

可能很多青少年都遇到过这样的情况，觉得自己外貌不如人，学习成绩不好，运动神经也不发达等，就觉得自己和成功就无缘了。其实，看看俞敏洪的经历，他在同学中间，也是显得毫无竞争力。但是，他没有被这种压力打败，而是走一条合适自己的路，定下目标，努力前进，最后成为最有潜力的企业家之一。

生活本身就是由好事与坏事的不断交替而组成的，遇到挫折时请不要颓废，遇到痛苦时请沉住气坚持奋斗，有志向的人不会将自己的人生限定在一个范围之内，更不会将自己囚禁在过去失败的圆圈里。

著名历史学家、曾任教于北京大学的范文澜先生也有句相似

的名言:"坐得冷板凳,吃得冷猪肉。"在历史上,如果哪一个文人道德高、学问精、成就大,死后牌位便可入文庙,置于边廊,有资格分享供奉孔圣人的冷猪肉吃。这就是所谓"二冷"精神。

"二冷"是相辅相成的,古今中外,大凡有所成就的人,无不是具有这"二冷"精神。冷板凳,对于弱者来说是绊脚石,对于强者来说却是垫脚石。只有长年累月地苦学苦研,甘于寂寞,坐得住"冷板凳",才能出类拔萃,成果显赫。

"只有真正沉下去,才能真正浮上来"这里的"沉"是指"沉心",即少一些轻浮躁动,多一些沉稳用心;"浮"是指自我价值的实现。放眼古今中外,有很多沉潜蓄势、厚积薄发的故事。很多人在经历了一次又一次的挫折之后,披荆斩棘,终于闯出了自己的一片天地。用道家的智慧来解释,就是人要先学会沉潜,才能最终腾起。

当然,沉下去不是说让你消极待命,而是埋头苦干,在困境中激发自己的潜能,历练自己的能力。越王勾践如果没有经历"十年生聚,十年教训"的长期准备,他怎么能够东山再起,收复失地呢?而如果你现在已经小有成就,那也不应该骄傲自满,而更应该设定一定的目标,保持冷静,悄悄干,才能让你的潜能得到进一步开发,获得进步和成长。

不管是在学习上,还是在生活中,青少年如果能做到"定目标、沉住气、悄悄干"这九个字,就能更加得心应手地来掌握自己命运的航向,在未来的道路上,越走越远。

学会表达，好口才不是天生的

大学生应该学会沟通，和各式各样的人交流，所谓"三人行，必有我师"，交流过程中你总会有收获的。

——撒贝宁（1998年毕业于北京大学法学院，著名主持人）

在西方国家，"口才、金钱、原子弹"被人称为新世纪的三大武器。可见，口头表达在现代生活中的重要性。好的口才是一个人综合素质的外在表现，谈吐动人则是赢得赏识的一个重要条件。

青少年不管是与人交谈，还是在平时的课堂发言、回答问题时，想要获得良好的效果都离不开良好的口头表达能力。因此，从成长的角度来看，要赢得赏识，离不开练就好口才这一重要环节。

在我国历史上，有很多口若悬河、能言善辩之士，他们凭着自己的口才活跃在当时的政治舞台上。比如说战国时期的张仪，他曾两次相秦，凭三寸不烂之舌，胜过百万雄兵，拆散六国合纵，而鼓吹连横，骗得楚怀王客死他乡；诸葛亮"舌战群儒"和"智激周瑜"等故事更是家喻户晓。

每个人都希望自己有能言会道的好口才，能够在众人面前侃侃而谈。可是，有很多人说："我天生就嘴笨，不会说话。"其实，每个人的潜力都是无穷的，没有谁生下来就有一副伶牙俐齿，任何的才能都是需要不断训练的。

我国近代史上学识渊博的大学者胡适起初也不是一个很会在

公众面前讲话的人。为此,他在美国留学期间,专门学了一门训练自己说话的课程。

酷暑夏日的某一天,他第一次站在讲坛上讲话,会场下面听讲的人们扇着扇子,而被叫上讲坛的胡适却因为紧张,全身发冷,腿直打颤,准备好的词都忘了。他使劲地用手扶着讲台,希望借此掩饰一下内心的紧张,希望记起一些台词来。但老师为了锻炼他的胆量,竟叫人直接把讲台搬走,弄得胡适更加没了自信。

后来,在各种场合都非常会讲话的胡适先生回忆起那次经历时笑着说:"因为我光顾着想下面的讲词,也就忘了我打战的双腿了,奇怪的是它们渐渐地也不发抖了。"

所以,青少年因为自己的口才不好就不敢开口讲话,其实这没什么大不了,胡适先生第一次讲话也会紧张,只要不断练习,培养自己的胆量和自信,就不会再害怕了。

只要你学会表达的方法,再勤加练习,就不会只有羡慕别人的份,自己也可以出口成章。谈吐动人的技巧不仅能使你具有自由表达思想的能力,也可增加你的自信心。甚至使你能够说服影响他人,从而吸引他人的注意力。

谈话的构成有三要素:说话者、言语信息、听讲者。

很多人讲了一生的话,但还是没有搞清楚谈话的目的是什么。其实,谈话的目的应是通过语言这种运载工具,把说话者的想法或感情传达给听讲者,以获得听讲者的了解及赞同或带来对说话者的评价。说话的关键不在于只顾自己"一吐为快",而在于良好的效果。

工欲善其事，必先利其器。如果你想要拥有好口才，那就可以在生活和学习中抓住一切机会，锻炼自己的表达能力。经过锻炼之后，你再也不用去羡慕别人，你也可以畅所欲言了。

会赞美的人走到哪里都受欢迎

赞美会让人把正确的事情做下去，把不正确的事情停下来。

——翟鸿燊（北京大学客座教授，企业管理专家，国学传播者）

人人都需要赞美，人人都乐意听赞美。

在日常生活中，会赞美的人总是最受欢迎的，而且能够顺利地把事情做好。就像著名企业管理专家翟鸿燊说的那样，"赞美会让人把正确的事情做下去，把不正确的事情停下来。"

这就说明赞扬有着十分巨大的功效。

有人指出：赞扬、致谢、感恩的话语，能扩大、释放或以任何方式辐射正能量……通过赞扬，你可以把一个怯懦者变成坚强者，把一颗恐怖的心灵改造成和平而自信的心灵，使极度神经衰弱者恢复平衡和力量，使不满和抱怨变成满足和支持。赞扬可以增加人的力量，可以奇迹般地激励他人，使其在生理上和心理上都振奋起来，同时也可以激励和振奋我们自己。

我们每个人，不管在什么时候，在什么地方，都非常喜欢受到别人的赞扬。一旦别人赞扬了我们，我们就会觉得对方是知己,自己的人生价值得到了承认。我们为此而快乐和振奋。于是我们也愿意付出我们所拥有的东西,乐意把事情做得更好。

赞美是件好事情,但并不是一件简单的事。赞美不容有虚伪的成分,要发自内心,真诚,更要光明磊落。

美国南北战争时期,同样毕业于西点军校的北军格兰特将军和南军李将军率部交锋,经过空前激烈的血战之后,南军一败涂地,溃不成军。李将军还被送到爱浦麦特城受审,签订降约。

但是格兰特将军并没有在李将军面前摆出一副目中无人的姿态,相反,他很谦恭地说:"李将军是一位值得我们敬佩的人物,他虽然战败被擒,但态度仍旧镇定自若。像我这种矮个子,和他那六尺高的身材比较起来,真有些相形见绌。他仍是穿着全新的、完整的军服,腰间佩着政府奖励给他的名贵宝剑;而我却只穿了一套普通士兵穿的服装,只是衣服上比士兵多了一条代表中将官衔的条纹罢了。"

作为一代名将,格兰特将军深深懂得如何通过赞美的方式来表达对别人的尊重。格兰特将军不但赞美了李将军的态度,而且没有轻视他的战绩。他认为自己的成功和李将军的失败,都是偶然的机会造成。

他说:"这次胜负是由极凑巧的环境决定的,当时敌方军队在弗吉尼亚,几乎天天遇到阴雨天气,害得他们不得不陷在泥沼中作战。而我们的军队所到之处,几乎每天都是好天气,行军异常方便,而且有许多地方往往是在我军离开一两天后便下起雨来,这不是幸运是什么呢!"

格兰特将军把一场决定最后命运的大胜利，归功于天气和命运，这正表示他有充分的自知之明，没有被名利的欲念所埋没，同时也以此来表达对校友的安慰。这种行为会让人更加尊重他。

那么青少年应该怎么去赞美别人呢？

1. 尊重事实，用词得体

赞美必须在事实的基础上进行。在开口称赞别人之前，我们先要掂量一下，这种赞美有没有事实根据，对方听了是否相信，第三者听了是否赞同。一旦出现异议，你有无足够的证据来证明自己的赞美是否站得住脚。

2. 曲线赞美他人

在赞美别人时，如果太直截了当，有时可能会使他人感到虚假，或者会使人怀疑你是否真诚。一般来说，曲线赞美无论在公共场合，或在私人场合，都能很好地传达给对方，除了起到赞美的作用外，还能使对方感到你的赞美是发自肺腑的。

3. 内容热诚具体

缺乏热诚的空洞的称赞并不能使对方感到高兴，有时甚至会由于你的敷衍而引起对方的反感和不满。比如，我们经常看到有人在称赞别人时所表现出来的漫不经心："你这篇文章写得蛮好的。""你这件衣服很好看。""你的歌唱得不错。"

内容热诚具体是赞美别人的诀窍。比如，上述三句称赞的话可以分别改成："这篇文章写得好，特别是后面一个问题特别有新意。""你的歌唱得不错，不熟悉你的人没准还以为你是个专业演员呢。""你这件衣服很好看,这种款式很适合你。"

4. 合理利用赞美

要一个人努力把事情干好,首要的是激起他的自尊心,而用赞美进行鼓励,能激起他人的自尊心。有些人因第一次干某件事情,干得不好,你应当怎样说呢?不管他有多大的毛病,你都应该说:"第一次有这样的成绩已经很不错了。"对第一次登台、第一次比赛、第一次写文章、第一次……的人,你这种赞美会让人记忆深刻,终生难忘。

5. 把握赞美的度

合理地把握赞美的"度",是一个必须重视的问题,这一点十分重要。因为适度的赞美,会使人心情舒畅;否则,会使人难堪、反感,或觉得你在阿谀奉承。

每个人都是喜欢被夸奖、被欣赏和被赞美的,当你夸奖一个人比别人更强或某方面做得特别好时,他一定会对你十分感激。

从此刻起,做一个幽默的人

幽默没有旁的,只是智慧之刀的一晃。
——林语堂(曾在北京大学任教,中国当代著名学者、文学家、语言学家)

生活中,人们往往愿意同那些富有幽默感的人在一起,因为这样的人最容易接近，而且能给人以欢乐。幽默就是有这样的神奇功效。它可以让愁眉不展者笑逐颜开，可以让泪流满面者破涕为笑，可以让人在尴尬的场合里发出笑声，幽默能帮人应付生活中最让人伤脑筋的局面。

所以，林语堂先生认为幽默"是一种人生观的观点，一种应付人生的方法。"他还说"幽默没有旁的，只是智慧之刀的一晃。"幽默感可以培养，只要你留心生活，注意积累和运用生活中的笑点，从此刻起，你就可以成为一个幽默的人。

做一个幽默的人，也是这个时代对我们青少年的要求。现代社会环境瞬息万变，速度效率急剧加快，因而现代人时常感觉到一种心理压力和焦虑。幽默一下不仅能减压，使你的心情变得轻松愉快、谈笑风生，而且能展现你的机智，有助于扩大你的交际圈。在适当的场合，以幽默的谈吐来增强交际的生动性和亲切感，已被看作是一个人的优点。国外把"有幽默感"作为评价大学教师教学水平的标准之一。可见，一个人具有幽默感是何等重要。

很多时候，幽默是对人生的自我解嘲，它是化解痛苦的良药。我们往往能从幽默中体会到生活的乐趣，甚至从中找到信心。

季羡林先生就是一个积极处世的人，在20世纪六七十年代，即使身处厄境也不曾消沉，他用一种幽默的方式展示着自己的乐观。在生活中，幽默对每个人都是必不可少的。它不仅是一种说话方式，更是人生智慧和达观心态的体现。

钱文忠教授曾在文章中提到，季老平常是很幽默的，只是不常说笑而已。有一次,季老说起早年往事,自己的叔父在只剩几个救命钱的情况下,居然拿那些钱买了两张彩票,更令人意想不到的是居然中了头奖。钱教授说季老当时大笑着说:"文忠啊,这样的事情一辈子能遇到一次就不算少了!"钱教授听了也禁不住笑起来。

有句话叫"文如其人",透过一个人的文字,我们往往能够看到一个人的本性。季老的幽默在他的文章中也有所体现。他曾经在一篇讲长生不老的文章中说道:"我有时候认为,造化小儿创造出人类来,实在是多此一举。如果没有人类,世界要比现在安宁祥和得多了。可造化小儿也立了一功:他不让人长生不老。否则人人都长生不老,我们今天会同孔老夫子坐在一条板凳上,在长安大戏院欣赏全本的《四郎探母》,那是多么可笑而不可思议的场景啊!"

这些文字让人感觉到轻松,而深思之后,不难看出其中更蕴含着厚重的人生智慧和洒脱的处世思想。幽默渗透出的是看透世事的逍遥与乐观,是即使困难再多也不让烦恼缠绕自己的洒脱心境。

一位美国的心理学家说:"幽默是一种最有趣、最有感染力、最具普遍意义的传递艺术。"幽默就是一种语言艺术,它通常是简洁的俏皮话、诙谐的双关语、风趣的警句等,它们大多就地取材,顺手拈来,不露痕迹地将"笑"潜于事物的深层,使人在笑声中得到充实。鲁迅先生说话生动幽默,和他一起交谈常给人一种如沐春风的感觉。

一次，几个青年朋友和他谈起国民党的一个地方官下令禁止男女同在一所学校上学、同在一个游泳池里游泳的事。鲁迅先生说："同学同泳，皮肉偶尔相碰，有男女大妨。不过禁止之后，男女还是一同生活在天地中间，一同呼吸着天地之间的空气。空气从这个男人的鼻孔呼出来，被另一个女人的鼻孔吸进去，淆乱乾坤，实在比皮肉相碰还要坏，要彻底划清界限，不如再下一道命令，规定男女老幼，诸色人等，一律戴上防毒面具，既禁空气流通，又防抛头露面。这样，每个人都是……喏！喏！"鲁迅先生站起身来，模拟起戴着防毒面具走路的样子。朋友们笑得前仰后合。

鲁迅先生的幽默，不仅愉悦了周围的朋友，还借机讽刺了国民党的愚蠢做法，给周围人以启迪。那么，在生活中，当我们开玩笑或者拿某件不能直言的事情说笑时，完全可以来个幽默的指桑说槐，既保护了自己，又表达了自己的想法，还愉悦了别人，活跃了气氛。

其实，想要变成幽默的人，激活身上的幽默细胞，最简单的办法就是讲笑话。

笑话需要积累，我们可以在书本、电影或者生活中，发现机敏的幽默故事或者笑话，这都可以拿来用。在讲笑话的时候要真实自然，不能矫揉造作，否则会弄巧成拙，最好是有自己的风格。这样才能达到一种很好的幽默的效果。当然，每个人的幽默感都不一样，还得自己摸索适合自己的风格，才能真正发挥幽默的强大力量。

培养自己的领导气质

我比较像刘备,常常用眼泪来赚取其他管理者的同情,我不擅长用严格的纪律来限制和管理人才。

——俞敏洪(毕业于北京大学英语专业,新东方学校创始人,英语教学与管理专家)

这个世界上没有天生的领导者,只有后天造就出来的领导者。从进入人类社会以来,具备领导能力的人就一直受益匪浅。如果从青少年时期就开始培养领导才能,激发自身的领导潜能,并且把它主动地在平常生活中表现出来,那么将大大增加将来成功的可能。

青少年从小要有远大的志向，要知道作为领导者，要起表率作用，平常时段，看出来；关键时刻，站出来；生死关头，豁出去。平常时段，看出来，是个人素质、潜在能力和品质的体现；关键时刻，站出来，是勇气、原则和实力的展现；生死关头，豁出去，是一种勇于奉献和敢于牺牲的精神。

拥有领导气质，不一定说你的能力要比别人强很多，关键在于你能让其他比你强的人都团结在一起，帮你做成一些事情。就像俞敏洪说的，他常常"用眼泪来赚取其他管理者的同情"，这样的说法表现了他的谦虚，也说出了他不同于别人的领导力。

1992年9月，乔布斯率领麦金塔小组来到了离苹果公司100多公里的帕哈楼沙丘城，举行了一次静修大会。参加大会的成员有100人左右，平均年龄只有28岁。

活动开始时，乔布斯在黑板上写下了一句鼓舞士气的口号："做海盗比做正规海军棒多了。让我们一起做海盗吧！"

紧接着，他又写下了一句非常富有煽动性的口号："热爱你的工作，一周奋斗90个小时吧！"

通过"海盗"的寓意，乔布斯向麦金塔小组的成员们灌输了这样的理念：你们参与的工作意义非凡。

霎时，掌声和欢呼声响彻整栋大楼，与会成员纷纷站起来向这位"海盗王"宣誓，他们都想做特立独行的海盗。

为了按计划推出这台会震惊世界的麦金塔电脑，乔布斯可谓是煞费苦心。当时虽然已经完成了一些核心工作，但仍然有许多棘手的问题，乔布斯需要鼓舞起大家的干劲，他霸气十足的领导力起到了关键性作用。

乔布斯通过这次静修大会,营造了一个士气高涨的氛围。乔布斯将麦金塔电脑研发小组命名为"海盗军团",而他则是这个"海盗军团"的头目。他积极说服苹果公司内部最优秀的人才,让他们加入麦金塔电脑研发小组。

"海盗"这个主题词是鼓舞团队士气的强力黏合剂,他的海盗队员们的工作效率远远高于其他任何一家计算机公司,只用了短短两年的时间,麦金塔电脑小组就研发出了当时世界上最出色的电脑。

这之后,"海盗精神"成为凝聚整个苹果团队的灵魂,苹果的每一个员工都知道自己在为何而战,都确信自己正在从事一项意义非凡的工作。

乔布斯拥有如此超凡的领导力,关键是他能将一个超强的团队组织起来,而且赋予了一种超高士气的凝聚力,完成了超难度的任务,所以他成为世界上最成功的首席执行官之一,并且成功把苹果公司打造成世界顶尖科技公司。很多人在关键时刻丧失领导力的原因就是:要求下属照我说的做,而不是照我做的去做!在关键时刻不能坚持原则,更没有勇气和实力站出来,也就是不敢说"看我的"!

那么青少年该如何培养自己的领导气质呢?

1. 取得父母的支持

父母应该主动地做孩子背后的支持者,做"领头羊"的拉拉队长。孩子所取得的成功即使很小,父母也一定要加以肯定和赞赏。父母的一个肯定的目光、一个紧紧的拥抱就会让孩子充分体会到成功的快乐。但并不是要父母每天只为孩子叫好,也应该适当地批评,耐心指出孩子错在哪里,怎么改,并给他申辩的机会。

2. 学会尊重他人

领导的重任通常都落在那些为人随和、以礼相待、尊重他人的人身上,他们敢于面对自己的行为所带来的后果。生活中要多注意文明礼貌,在家里也要注意使用礼貌用语。多想一下别人的感受,比如想想父母上班、做家务是多么辛苦;要敢于承认自己的错误,不要隐瞒、推卸,勇于承担自己肩上的责任。

3. 积极参加竞选

现在的学校都很讲究民主,会经常更换班级干部,这时要积极参加竞选,让父母为你出谋划策。即使不在候选人之列,也可以大胆地毛遂自荐,学会在众人面前毫不羞怯地表达自己的观点。

4. 成为一个热情的人

一位成功的领导者常常热情洋溢,给周围的人也带来活力。所以,从现在开始要培养乐观精神。每天遇到熟人的时候,要热情地打个招呼,向他们友好地微笑,热情地对待圈内的朋友们。

5. 在家中寻找做领导的机会

领导的本领也是在实践当中不断锻炼出来的,在实践中磨炼自己把握全局、指挥若定的能力。在家里,可以要求父母让自己主持家务,父母听从指挥。多参加一些集体活动,并争取领导其中自己感兴趣的一些活动。

处方八

学以致用，不做『书呆子』

学以致用才能发挥知识的力量

我很赞赏北大博士生的一句话:"'在大学、研究生期间,不要致力于满口袋,而要致力于满脑袋。'满脑袋的人最终也会满口袋,我是相信这点的。"

——王选(曾任北京大学教授,著名科学家)

16~17世纪,英国的弗兰西斯·培根提出了"知识就是力量"的著名论断,他在书中写道:"人类知识和人类的权力归于一,任何人有了科学知识,才能驾驭自然、改造自然,没有知识是不可能有所作为的。"这一论断对资本主义经济的发展起了极大的推动作用。后来经过马克思的阐释,科学知识首先获得了名副其实的"力量"的使命,成为生产财富的手段,从而提出了科学技术是生产力的科学论断。

其实,我们学习的目的就在于应用,真正有用的知识是要运用在行动中才能显示它的重要作用的。知识可以转化为力量。如果你学了满腹的知识却不去运用,就像宝藏埋在了地下。你只有把它挖掘出来,并拿去使用才能体现它的价值。

知识只有在运用中才能发挥它的巨大作用,这也是成功者之所以成功的关键所在。将知识转化为财富,这是所有成功者学以致用的共同特征。我国著名科学家,中国计算机汉字激光照排技术创始人王选认为,只要我们能够将知识装满脑袋,通过实践最终也会装满口袋。

在王选的"照排系统"横扫中国时，方正这家起步于中关村的电脑公司也摇身一变，成为一家极有发展前景的高科技公司。而王选也由一个北大教授，变身为方正的"企业管理者"，两个大相径庭的角色，要求的是两种完全不同的人格和素质，王选清楚地知道，自己必须接受更加严峻的考验。

1982年，一位领导告诉王选，很多部门担心激光照排系统的原理性样机不能继续改进并投入使用，因为很多高校的科研成果都只是为了献礼、评奖、评职称，王选不假思索地说："如果仅仅为了报专利、评职称，目的早就达到了。从一开始我们就是想让中国甩掉铅字。"在北大，像王选这样根据市场需求来确立自己研究方向的人，真是少之又少。"他对我们的要求是'顶天立地'，技术要一流，同时做出来的东西要实用。"王选的学生、现方正研究院院长及首席技术官肖建国回忆道，王选确定科研课题前，都会先花大量时间考虑：这个技术演化下去会成为什么样的产品，在市场上会有什么反应；或是现在市场上需要什么产品，我们的技术能不能演化过去，从市场驱动和技术驱动进行双向思维。

聪明的人有很多，而市场头脑正是王选不同于其他教授、用自己的发明造福社会的根本原因。1989年夏，在北大档案馆前的一棵大树下，王选找肖建国谈话，要他转课题，做彩色出版。当时国内的彩色出版物还不多，国际上连研发这项技术的试验设备都还很少，只能根据揣摩和替代设备来研究。两年后，成果一诞生就立刻成了世界领先。

人们以"当代毕昇"来称呼王选。对于这个评价，有人则认为是一种贬低，等于完全将王选从学者这块剔出来了，成了一个和毕昇一样的匠人。而王选的最大贡献不仅仅是一个匠人的贡献，而是将先进的科学知识转化为巨大的生产力的贡献。我们祖国正需要这样的人才。

作为青少年，我们也不应该总是"两耳不闻窗外事，一心只读圣贤书"，而是应该从书本中走出来。学是为了用，我们要养成学用结合的习惯，更好地发挥知识的作用。

在生活和学习中，我们要坚持活学活用的原则，不能死搬教条，墨守成规。《三国演义》中的马谡熟读兵书，却因街亭的失守而身败名裂，就是不懂活学活用的结果。"纸上谈兵"这个典故中的赵括也是不懂活学活用的例证。

要学以致用，还必须善于思考，在思考中领会知识的精华，吸收知识的养分，化为行动的力量。古人说过："学而不思则罔，思而不学则殆。"学习中真正的受益常从思考中得来。人在学习中要通过深入细致地思考，才能加深理解真知，从而指导我们的行动。

实践不仅能够检验青少年已有知识的正确还是错误，实践中还能产生新的知识。青少年除了在学校学习课本知识外，更应该多参加社会实践，投身到社会中去，在社会中学习，这样我们的知识会越来越丰富，以后才能发挥越来越大的作用，造福人类和社会。

三百六十行，都能创造新世界

处处是创造之地，天天是创造之时，人人是创造之人。

——陶行知（曾在北京大学任教，教育家、思想家）

"知识改变命运"这一观点是李嘉诚先生提出来的，他说："我们正在跨入的 21 世纪，是知识和知识经济的世纪，知识将最大限度地决定经济发展、民族进步、国家富强以及人类文化的提升。知识是推动发展的最重要工具，改变命运的机会就掌握在我们自己手中！"相信这是他对自己的成功经验的最精辟的总结。不管在哪个行业，只要你拥有知识，能学以致用，就可以创造出属于你的一片天空。

如今，不断有新闻爆出某某大学研究生毕业找不到工作最终回到村里种地，以及还有前些年报道的北大才子陈生在广州卖猪肉等，而一时间引发了人们的广泛讨论。有的人觉得条条大路通罗马，三百六十行行行出状元，只要自己肯干，能干好，就是成功的；而有的人觉得这是大材小用，资源浪费；更有甚者，觉得读不读书没什么用，都是干一样的工作。

在人们的潜意识中，进入好的大学，头上便有了道耀眼的光环，从北大毕业后，肯定是将来的社会精英。所以当陈生选择以卖肉为工作时，质疑声自然会甚嚣尘上。谁说北大才子就不能卖猪肉呢？其实，工作行业本身没有高低贵贱之分。陈生不仅卖猪肉，而且还越卖越火，他在广州开设了近100家猪肉连锁店，营业额达到2个亿，被人称为广州"猪肉大王"。

有个泰国企业家，他把所有的积蓄和银行贷款全部投资在曼谷郊外一个备有高尔夫球场的15幢别墅。但没想到，别墅刚刚盖好时，时运不济的他却遇上了亚洲金融风暴，别墅一间也没有卖出去，连贷款也无法还清。企业家只好眼睁睁地看着别墅被银行查封拍卖，甚至连自己安身的居所也被拿去抵押还债了。

情绪低落的企业家，完全失去斗志，他怎么也没料到，从未失手过的自己，居然会陷入如此困境。他承受不起此番沉重打击，在他眼里，只能看到现在的失败，更不能忘记以前所拥有过的辉煌。

有一天，吃早餐时，他觉得太太做的三明治味道非常不错，忽然，他灵光一闪，与其这样落魄下去，不如振作起来，从卖三明治重新开始。

当他向太太提议从头开始时，太太也非常支持，还建议丈夫要亲自到街上叫卖。企业家经过一番思索，终于下定决心行动。从此，在曼谷的街头，每天早上大家都会看见一个头戴小白帽，胸前挂着售货箱的小贩，沿街叫卖三明治。

"一个昔日的亿万富翁，今日沿街叫卖三明治"的消息，很快地传播开来，购买三明治的人也越来越多。这些人中有的是出于好奇，也有的是因为同情，更多人是因为三明治的独特口味慕名而来。从此，三明治的生意越做越大，企业家很快地走出了人生困境。

这个企业家叫施利华。几年来他以不屈不挠的奋斗精神，获得了尊重，后来更被评为"泰国十大杰出企业家"。

三百六十行，不管是哪一行，只要我们能放下质疑，学以致用，勇于实践，保持一颗谦卑的心，努力把工作做好，就能创造新世界。

实力比学历更重要

进大学固然可以学到知识，可不能说不进大学就无法学习到知识。学习是自己的事。

——叶圣陶（现代作家、教育家、编辑家）

有人说，21世纪是一个高科技的时代。也有人说，21世纪是一个知识型经济的时代。但万变不离其宗，21世纪始终重视的是个人的实际能力，这就意味着"能力时代"即将代替"学历时代"。衡量个人水平的标准，已经不是证明学校教育知识水平的文凭，而是在实践中能够不断地更新知识、适应变化、迅速提高的个人能力。

我们的家长望子成龙的首要目标，就是让青少年朋友上重点中学，然后考上一所好大学。这个目标被社会、学校、家庭树立得很高、很神圣，所以能够达到或不能达到就显得区别很大，似乎有天壤之别。对于青少年朋友、父母、老师等相关的人来说，由此造成的压力、紧张、担心、困惑，便无时不有。因为大家都把学历看得很重。

文凭不过是一张纸，而自己的实力就是最好的"文凭"。这个实力，包括学校学的知识，这是实；还有在实践中磨炼出的才能，这是力。从实到力，从知识到才能，中间还有一段距离。这段距离就是我们将知识用到实践的过程。中国古代思想家孔子说的："学而不行，可无忧与？"学习而无实践，能没有忧患吗？

成功者未必都有很高的学历，但成功者必然都有深刻的经历。正如古人所说："凡知者，或未能行；而行者，则无不知。"著名作家高尔基没有读过大学，刻苦自学文化知识，并积极投身革命活动，登上了文坛，他写出了《我的大学》等许多不朽著作，成为社会主义现实主义文学的奠基人。

对于一个人的发展和未来取得的成就而言，能力比学历更加重要，更具有影响力，甚至是其中的决定性因素。

1917年夏，刘半农从上海返回江阴老家，由于没有固定收入，只好靠变卖家中物品度日，经常穷得揭不开锅，妻子不得不经常到娘家去借贷。就在一家人贫困潦倒的时候，刘半农忽然接到了一封北京大学蔡元培校长寄来的聘书，正式聘请他担任北京大学预科国文教授。一个连中学都没有毕业的人，居然接到全国最高学府发来的聘书，不仅妻子难以相信，就连刘半农自己也不敢相信。而这次雪中送炭的机遇，还要得益于刘半农前不久在上海与《新青年》主编陈独秀的一次会面。那次会面，陈独秀慧眼识才，不仅看出刘半农身上的锐气，更看出他是一个可造之才。于是，陈独秀向蔡元培先生大力推荐了刘半农。就这样，一个默默无闻的乡村青年摇身一变，跨入了全国最高学府——北京大学。

任教北大后，刘半农先后讲授诗歌、小说、文法概论和文典编纂法等课程，与他同时执教的还有钱玄同、周作人、胡适等人。虽然连中学都没有毕业，但刘半农的国学功底丝毫不逊色于别人，而且他长于写作，阅读广泛，备课十分认真，得到了学生的一致认可。不久便在北大的讲台上站稳了脚跟，无人不知，北大出了一个中学肄业的国文教授。

刘半农先生虽然没有多好的文凭，但是靠着自身的实力进入北大当上国文教授。所以，我们在评价一个人不应当看他是从哪个学校毕业的，而应当看他学了些什么，能否把学到的东西用于为人类和社会谋福利的事业上。

我们在这里说"学历不等于能力，学位不等于作为"，并不是否定学历的重要性，而是强调能力比学历更重要。虽然有些单位注重学历，但最终注重的还是能力。没有高学历的人，也不要气馁。只要你有能力，有作为，能为单位、为公司创造无可比拟的价值，那么你就是一个受公司欢迎的人。

在这个社会，人是靠能力来说话的，而不是用学历来说话。青少年要成为一个对社会有用的人，就要努力锻炼自己的能力，而不是一味地追求学历。学历只是一个历程的证明，没有任何实际意义。也许你们有些人会就读于名牌大学，有些人只能就读于专科高职院校，更有些人面临辍学的危机。但是这都不是最重要的，重要的是你自己是否努力，是否一直在有意识地提高自己的能力。

学什么都不会白学

学什么都不会白学。

——栗亚（1985年毕业于北京大学，美诺医疗集团董事局主席兼首席执行官）

"学什么都不会白学。"是北大经济学毕业，现任美诺医疗集团董事局主席兼首席执行官的栗亚很朴实的一句话，但是它所蕴含的道理是深远的——热爱学习，不断学习，广泛学习。这也许就是栗亚对自己学习经历的一种感悟。对青少年来说，积累的知识多了，才会给我们以后的成功之路打下最坚实的基础。

很多人对读书学习，也采用了"有用或无用"的价值论。有的认为读文科无用，有的认为学音乐无用，还有的认为看课外书无用……这样子下来，我们能够学习的知识面少之又少。其实，有很多学科都是相通的。伟大的科学家爱因斯坦就是十分热爱小提琴。他常常通过音乐催化出的科学创见和思维火花。在音乐的自由流淌中，深奥的理论物理学有了美妙的旋律。音乐给了爱因斯坦一个和谐美丽的图景，数学又给他证实这个图景。二者结合起来，就为爱因斯坦的精神发展奠定了坚实的基石。

所以说，只要你热爱学习，学什么都不白学。可能一时还没有显现它的功用，但是，等遇到机会的时候，它就会发挥知识的力量。

所有知道栗亚教育经历的人，一定会对他有这样的印象，栗亚是一个喜欢学习、擅长学习的人。

谈到读书学习，栗亚反复说的一句话就是"学什么都不会白学"，每样学问都有可能在以后的工作中用上。1969年，栗亚全家下放到农村。那时候的农村很落后，医疗条件特别差，村民们患病也得不到救治。于是，6岁的栗亚就开始看一些医学方面的书籍，并且学习了针灸，开始只是在自己身上实验，后来就开始帮周围生病的人治疗，渐渐产生了对医学的浓厚兴趣。

1981年，栗亚作为吉林省文科状元进入了北京大学经济系。1985年，他远渡重洋，先后就读于美国波尔州立大学和亚利桑那大学，师从诺贝尔经济学奖获得者弗农·史密斯，并于1992年取得了经济学博士学位。

1993年5月，栗亚辞去了在宾州盖茨堡大学助理教授的职位,开始着手创立自己的公司。虽然因为种种原因当初栗亚未能学医,但是,小时候的从医经历和对医学的热爱一直藏在他的心底。

源于对医学的兴趣,1993年10月,一次偶然的机会,栗亚参加了一个医疗产品展销会,发现同类医疗产品都存在缺陷,从而得到了灵感,自己动手画图,亲手设计了一款医用喂食器,很快被市场认可。栗亚成功了。

回顾栗亚的成功之路,我们可以看到,在北大的4年打下的扎实的数学基础成为他以后在美国师从名师、研习实验经济学的良好前提条件;9年经济理论的学习赋予栗亚的是严谨理性的思路和高屋建瓴地解决问题的能力和方法;小时候积累的医学知识让栗亚最终获得了成功。这正应了栗亚的话,"学什么都不会白学",每样知识都可能会在人生的奋斗过程中有用武之地。

所谓处处留心皆学问,每样学问都可能在你日后的工作中派上用场。"书到用时方恨少",如今是一个凭智力决胜负的时代,广泛涉猎知识、不断充实自己的过程,也是成功的准备过程。这也就是要多读课外书的原因,眼界开阔了,思路自然就会开阔。

人的一生都离不开学习,只有热爱学习、善于学习的人才能在人生的道路上不断前进,取得成就。当然,学习不只是在书桌边死记硬背,如果为了学习而学习,累得弯腰驼背,不仅是残酷的,而且也是低效率的。学习是快乐的事,要在学习的过程中寻找应有的快乐,而非烦恼。所以,青少年应该多多发掘你的学习兴趣,投身到知识的宝库中,广泛涉猎,全面积累,才能打下成功的基础。这就像农民在春天播下了优良的种子,等到秋天会有大丰收一样。

我们是不平凡的志愿者

> 明代哲学家王阳明曾讲"知行合一",知是认识,行是实践,知行合一即是认识与实践的统一。实践是认识的基础,又是判断认识正确与否的标准。
> ——张岱年(曾任北京大学哲学系教授,著名哲学家、哲学史家、国学大师)

《荀子·儒效》记载:"不闻不若闻之,闻之不若见之,见之不若知之,知之不若行之。学至于行之而止矣。行之,明也,明之为圣人。"意思是说,不听不如听,听到了不如看见了,看见了不如知道了,知道了不如实践它。学习到了亲自实践这一步才达到极高的境界。亲自去实践它,弄清了事理就成了圣人了。荀子告诉我们,知识只有接受实践的检验,才能成为真知灼见。学习知识的目的在于应用。如果学而不会用,那么再好的知识也是一堆废物。

张岱年先生曾在《做学问的三个基本方法》中,讲到学习捷径中的第二条就是:知与行的统一。他说:"明代哲学家王阳明曾讲'知行合一',知是认识,行是实践,知行合一即是认识与实践的统一。实践是认识的基础,又是判断认识正确与否的标准。王阳明的'心外无物'的唯心论是错误的，但'知行合一'还是正确的。"的确如此，学习知识是为了更好地利用知识，如果有知识不知道如何运用到实际的生活中，那么拥有的知识就只是死的知识。死的知识不但没有一点益处，有时还可能有害。

要想真正做到知行合一，我们就应加强知识的学习和能力的培养，并把两者的关系调整到最佳位置，使知识与能力能够相得益彰，共同促进，发挥出前所未有的潜力和作用。

很多北大学生选择当志愿者来实践知识，做到知行合一，达到学以致用的目的。他们有的去西部支教，运用自己的知识来传递智慧；有的去照顾孤寡老人，用自己的爱心温暖心灵；还有的用一腔热情来帮助外来的务工人员……就在这些实践当中，他们帮助了别人，也提升了自己。

林芳芳是北大支教团的志愿者。2011年6月她还在北大未名湖边，和同学们一起享受大学的美好时光。初秋时，她已身处距北京2000公里外的青海省大通回族土族自治县，成为一名西部支教的老师。

在狭窄的宿舍内，林芳芳静静地坐在办公桌前备课。在大学里，到青海支教一直是林芳芳的一个心愿。从北大外国语学院毕业后，她就立刻来到青海，在大通六中当了一名初中英语教师。"当初选择到艰苦的地方支教，也是为了锻炼自己，让一年的支教生活过得充实。"林芳芳说。到青海后，这个浙江小姑娘不太习惯吃面食，但是为了融入学校这个大家庭，她克服困难，改变一些生活习惯，现在，她还打算自己开灶做饭以节省开销。

"我经常换位思考,回忆自己是学生时希望老师是什么样子,尝试着向学生更喜欢的样子努力。"林芳芳说,"学生时代,有困难了还可以求助老师和父母,现在身为老师,知道什么是责任了,应该更多地去帮助学生。"

虽然生活上有种种困难,但林芳芳对支教很有信心,"每个班级学生的水平都参差不齐,为了让每一名学生都能有不错的成绩,有时候也会给个别学生'开小灶',看到这些学生的成绩有所提高,心里就会感到很高兴。"

大通六中政务处主任张延平介绍，这已经是北京大学支教团第十三届成员支教，他们不仅为学校注入了新鲜血液，同时也把北大的思想和精神带到了学校，带到了老师和学生当中。"支教不仅带来了当地的改变，也使支教者自身发生了巨大变化。他们不计报酬努力付出，在艰苦的环境中展现了支教团队的风采。"张延平主任说。

作为一名学生，林芳芳是平凡的，但是作为一名志愿者，她是不平凡的。通过志愿者行动来到西部支教，不仅为那些渴求知识、渴望走出大山的孩子们带去了希望，也让自己变得更加有责任感和坚强意志。而这些往往是书本中学不来的。

正所谓，"纸上得来终觉浅，绝知此事要躬行"。青少年要想获得真正有用的知识，就不要仅以学习书本上的知识为满足，而要走向社会，把书上的知识运用到实际中去，在生活中验证我们在书本上所学得的知识，一边读书一边实践。只有这样我们才能在实践中积累丰富的知识，从而达到学以致用的目的。

处方九

珍惜时间，让青春不再仓促

管好自己的时间

其实管理者的管理时间,首先是管理好自己,其次是管理好他人,才能提高效率,节省时间。

——李彦宏(毕业于北京大学信息管理专业,百度公司创始人,董事长兼首席执行官)

有一个笑话讲一位考生准备参加考试,别人看见他就问:"你为什么戴3块表啊?"他回答道:"我怕时间不够用。"这虽然是个笑话,但是,它告诉我们,时间不会因为你多戴了一块表就多起来,它该是多少就是多少。哲学家以及诗人歌德说:我们都拥有足够的时间,只是要善加利用。一个人如果不能有效利用有限的时间,就会被时间俘虏,成为时间的弱者。一旦在时间面前成为弱者,他将永远是一个弱者,因为放弃时间的人,同样也会被时间放弃。所以,我们青少年要做时间的主人,管好自己的时间,充分利用时间,高效能学习。

在如今信息爆炸的时代,表面上看起来,好像集中精力于某件事情上,比较专注、有效,但是如果过分集中在某件事情上,就会变成不能融会贯通或赶不上潮流的落伍者。

虽然有人主张"一心不可二用",但不可否认的是,同时处理多件事情是现代人不可缺少的素质,同时做几件事的人,他们的脑筋的确转动得更快,办事效率也更高,无形中节约了大量的时间。这与农业上的"间作套种"有异曲同工的作用。

在传统农业生产上，农民根据经验发明了间作套种的增产模式。间作套种就是指在一块地上按照一定的行、株距和占地的宽窄比例种植几种庄稼。比如说，将喜阴与喜阳，"个儿高"与"个儿矮"的不同农业作物交叉搭配地种在一起，有效地利用了空间，将土地的利用发挥到了极致。这是一种集约利用时间的种植方式。

一般来说，时间就像是土地一样，做了这件事就不能做那件事，用来读书就不能用来玩耍。但是，有些事情是可以同时做的，或者统筹好顺序，可以事半功倍。那么，如果我们也像农民套种作物一样来"套种时间"，这就会大大提高做事效率，就又能学习又能玩耍，一举两得。

美国作家杰克·伦敦就是"套种时间"的高手。在他的房间的窗帘上、衣架上、柜橱上、床头上、镜子上、墙上……到处贴满了各色各样的小纸条。杰克·伦敦非常偏爱这些纸条，几乎和它们形影不离。这些小纸条上面写满各种各样的文字：有美妙的词汇，有生动的比喻，有五花八门的资料……

杰克·伦敦从来都不愿让时间白白地从他眼皮底下溜过去。睡觉前，他默念着贴在床头的小纸条；第二天早晨一觉醒来，他一边穿衣，一边读着墙上的小纸条；刮脸时，镜子上的小纸条为他提供了方便；在散步、休息时，他可以到处找到启动创作灵感的语汇和资料。不仅在家里是这样，外出的时候，杰克·伦敦也没闲着。出门时，他早已把小纸条装在衣袋里，随时都可以掏出来看一看，思考一番。

生活中，我们可以经常看到这样善于"一心二用"的人，有些在校学生他们每天清晨漫步在校园，边走边听外语广播，他们懂得了"一心二用"的奥秘。许多人认为，看原版电影，既可学习外语，又是较好的娱乐方式。

实际上，提高效率，跟我们如何管好时间是分不开的。在实际生活中，许多青少年学习成绩不佳，抱怨自己事情太多，忙得焦头烂额，但是重要的事情还是没有及时完成。可是，就算是忙得团团转，然而学习还是没有进步多少，根本原因并非自身的能力不行，而是缺乏时间的管理。最大的问题就是拖沓，把前天该

完成的事情拖延敷衍到后天，缺乏工作目标和计划，抓不到事情的重点，做了毫无价值的事。

"今日事，今日毕。"青少年一定要贯彻到底。那么，具体要怎么做呢？

（1）加强时间管理。对时间要加强管理，不能任其自流。要努力，也要理时。这就需要制订用时计划，编制时间预算。要安排自己的时间表，通过安排时间来赢得时间，消除无所事事的时间。

（2）力戒办事拖拉。要加快生活节奏，说干就干。李大钊说，"世间最可宝贵的就是今，最易丧失的也是今"。这个"今"，不但指今天，而且指现在。今天、现在就是每个人成长的里程碑。我们不但要抓住今天，还要抓住现在。

（3）提高用时效率。学习效果，主要不靠增加时间量，而是靠提高时间利用率，在用时上以质胜量。空话和瞎忙是效率的大敌。爱因斯坦坚决反对空话，他的著名公式是：$A=x+y+z$。A代表成功，x代表勤奋，y代表方法，z就代表少说空话。

（4）善于聚合时间。巧用时间的边角料，积累点滴时间以成大业，这是用时的聚合原则。正如有人说"20小时是银的，4小时是金的"。20小时指的是工作、睡眠各8小时，再加吃饭、文娱、社交4小时。剩下的4小时则是潜力弹性很大的主攻阵地。

（5）缩小用时单位。达尔文从不认为半小时是微不足道的时间。俄国军事家苏沃洛夫也认为，一分钟决定战局。苏联历史学家雷巴柯夫说,用分计算时间的人比用时计算的人,时间多59倍。学生学习应该争分夺秒,珍惜时间。

(6)善于按质用能。每个人的最佳时间有所不同,因为生物钟有个体差异。生物钟是内在的节律性的生命活动。生物钟不同,最佳用脑时间也不同,最佳用脑时间要最佳利用。这是按质用能原则,不同质能时间能源,安排相应不同的内容,从而提高效率。

重要的事情要先做

> 忽略无关紧要的事,琐碎和世俗的事耗费了人们太多的时间,忽略那些无关紧要的事,才不会错过那些真正重要的事。
> ——翟鸿燊(北京大学客座教授,企业管理专家,国学传播者)

一个人每天都有很多的事情要做,有大事,有小事,有令人愉快的事,有令人心烦意乱的事。但是哪些事才是你最重要的呢?不弄明白这个问题,你就会浪费许多精力,空耗许多时间,结果给你带来痛苦——身心疲惫。

什么事是必须做的?这是时间管理的第一个关键问题。时间管理的错误做法基本上都可以归结为,把时间花在那些不是必须做的事情之上。正确的做法则是找出最重要的一件事,然后去做,也就是说"重要的事先做"。

许多时候，迫于压力，我们常常把紧急的事情放在第一位，虽然我们知道那些"重要但不紧急"的事有着更深远的影响。刚开始，我们仍然知道重视事情的重要程度，先做那些"紧急且重要的"，但慢慢地，习惯了这种紧急状态之后，我们常不由自主地喜欢上"到处救火"的感觉，转而去做那些"紧急但不重要的事"了。

真正的高效能人士都是明白轻重缓急的道理的，他们在处理一年或一个月、一天的事情之前，总是按分清主次的办法来安排自己的时间。每个人的时间和精力都是有限的，只有把有限的时间和精力花在最值得做的事情上，才能让你做出正确选择，不被琐事干扰。如果你养成了只做重要事情的习惯，就相当于获得了别人两倍的生命。而且，做起事情来会事半功倍。

乔布斯就是这一理念的践行者。

每一天开始工作之前，乔布斯都要先问自己："今天最重要的事情是什么？"确定了最重要的事情之后，乔布斯就心无旁骛地专心做这件事情，而且一定要做到完美。如果连续几天都找不到"重要的"事情可做，那一定是某个环节出了问题，需要好好反思了。

将者，军之魂。苹果公司的员工工作效率堪称世界一流，这很大一部分要归功于最高领导者乔布斯的工作效率。乔布斯在工作中完全秉承了"要事第一"的原则。在乔布斯的工作日程上，招聘顶级人才就是最重要的事情之一。他曾宣称："人要么是天才，要么是笨蛋。我最喜欢的是日本百乐PILOT钢笔，其他的所有钢笔都是垃圾。除了麦金塔小组的成员。这个行业的其他所有人都是笨蛋！员工的才华是公司最大的竞争优势，为吸收世界上最优秀的人才，我所做的每一件事都是值得的。"

乔布斯的高度重视，让苹果公司汇聚了来自世界各地的顶级人才，令其他公司垂涎三尺，这让乔布斯非常开心，他曾自豪地说："和天才一起工作，是一件非常快乐的事情。苹果的产品总被视为艺术品，而它们的创造者——苹果的员工们，也颇有管理艺术家的特质。每个工程师都是天才，都个性十足。"

"要事第一"，在乔布斯这种管理理念的贯穿下，苹果计算机公司走出了低谷，迎来了第二春，用一句媒体的评论来说："苹果计算机公司本应该同数百家依靠自己专利技术的早期计算机公司一起被扔进旧货交易市场，但是，几十年来，它却依靠自己的技术活了下来并且变得日渐强大，开创出了全新的电脑和电子消费产品市场，而且这一市场比它在 20 世纪 70 年代开拓的个人计算机市场要大得多。"

古人常说："擒贼先擒王，射人先射马。"想问题、办事情，就是应该牢牢抓住最主要的问题，不能主次不分。不管是在学习还是生活中，青少年都必须弄清当时当地客观存在的最重要的问题是什么，从而采取正确的解决方法，以收到事半功倍的效果。

真理是朴素的，也是容易被忽视的。加强计划，抓住重点，积极突破，带动一般，这就是各个领域普遍适用的重要方法，也是常被忽视的重要方法。

如果你不希望被纷繁芜杂的大小问题弄得手忙脚乱，你就必须学会合理有序地安排事务处理的次序。根据事情的"轻重缓急"，你可以将自己的行动分成四个层次：

（1）重且急：这些是最优先处理的，应当高度重视并且立即行动。

（2）重但缓：可以稍后再做，但也要进入优先处理的行列，一定不要无休止地拖延下去。

（3）急但轻：这些表面上看起来非常紧急的事务，往往会被错误地列入优先行列中去，使真正重要的工作被拖延。

（4）轻且缓：其实大量的工作是既不紧急也不重要的，我们却常常由于各种原因，本末倒置，耗费了不必要的时间和精力。

当你依照这个程序执行一段时间之后，你就会获得有形的成果及回馈，最终，你将拥有所有你想要的东西，甚至更多。

用好生命的每一分钟

机会，需要我们去寻找。让我们鼓起勇气，运用智慧，把握我们生命的每一分钟，创造出一个更加精彩的人生。

——俞敏洪（毕业于北京大学英语专业，新东方学校创始人，英语教学与管理专家）

生命是由一分一秒组成的,充分利用时间等于延长了生命,合理利用时间才可以让生命显现最佳的效果。人的一生是短暂的,那么,我们怎么才能让短暂的一生不是在蹉跎光阴中虚度,那就要做好规划,用好生命的每一分钟,创造出一个精彩纷呈的人生。

时间是人的第一资源,谁善于规划时间,谁就找到了通向成功的阶梯。俄国著名科学家奥勃鲁契夫把每个工作日分成"3天"。"第一天"是从早晨到下午2点,他认为这是最宝贵的时间,用来安排重要的工作。"第二天"是从下午2点到晚上6点,在这段时间里他认为做较轻松的工作为宜,如写书评或各种笔记等。"第三天"是从晚上6点到夜里12点,用来参加会议、看书。他说,这是等于把自己的生命延长了。

合理安排时间并生活有序,对每一位渴求成功的青少年都很重要,因为合理安排时间等于是对你拥有的时间进行一次科学规划,这样你做起事来就会有条不紊,生活有序,最后达到事半功倍的效果。

伟大的科学家爱因斯坦,在阿劳州立中学时,他同其他的中学生一样,对未来充满憧憬,设想着自己的未来。爱因斯坦在一次计划中阐明了自己未来的成才目标:"如果我有幸通过考试,我将到苏黎世的联邦工业大学学习。在那里我将用4年时间学习数学和物理。我设想自己将能成为一名自然科学方面的某些学科的教授,我的选择是其中的理论性学科。"

而他制订这样的计划理由是:"首先,本人爱好抽象思维和数学思维，缺乏想象力和应对实际的才能。再者，我有自己的愿望，它们激发我做出同样的决定，加强了我的毅力。这是很自然的，因为一个人总喜欢从事一些他有能力干的事情。另外，科学工作还有一定的独立性，这一点使我很喜欢。"

第二年，他获得了苏黎世联邦工业大学的入学资格。进入大学后，他学习心爱的物理学，但没有按部就班，而是大量阅读课外书籍，进行独立思考。他对读书保持着广泛的兴趣。选修的课程什么都有，哲学、瑞士政治制度、歌德作品选读都在选择之列。主修课是物理学和数学。根据他制订的计划，他逐渐把注意力转移到理论物理学上来，并对理论物理学的某些根本问题、前沿问题投入了最大的精力。1900年，爱因斯坦从苏黎世联邦工业大学毕业，1905年获苏黎世大学哲学博士学位。

爱因斯坦能取得伟大的成就与他制订的学习计划是分不开的，而他能制订合理的学习计划，与他准确把握了自己的个性特点和身心特点，明了自己的长处和短处来设定目标是分不开的。我们应该向爱因斯坦学习，做好计划，珍惜学习的每一分每一秒。

我们怎样才能让时间增值呢？善于预算和规划时间，是时间运筹的第一步，是管理时间的重要战略。而目标是管理时间的先导和根据。因此，需以明确的目标为轴心，对自己一生做出规划：长计划、短安排，将大目标分解成若干具体的目标，并预计完成目标的日期。订计划，也包括对"预算"的检查督促。你要经常检查某一短期目标的实现情况，是否如期完成。

你若想成为一个打理时间的行家里手,就应该在自己的日常生活中,制订一个可行的、适合自己的计划表。在计划表的制订中,要注意以下要求:第一,计划要简单明了。一份计划时间表,首先应该简单明了。你在百忙中随意瞅几眼,就可对所记内容一目了然,明白马上需要做什么事。第二,适时检查计划表。有了计划表,是否严格地执行了,还需要适时地检查。晚上睡觉前,再翻一翻你一天的计划表,看一看你的执行情况和进度,会有助于你明天学习进度的安排和完成。

相信青少年如果懂得计划自己的时间,用好生命的每一分钟,那将来一定会成为有所建树的人,拥有灿烂辉煌的人生。

养成井然有序的习惯

时间,每天得到的都是二十四小时,可是一天的时间给勤勉的人带来智慧和力量,给懒散的人只留下一片悔恨。

——鲁迅(曾任北京大学讲师,中国著名文学家、思想家、革命家)

青少年在学习的过程中一定都有过这样的经历,有时候惰性上来了,手头的活不想做了,就会对自己说:"等晚上回去再做吧。"等到晚上回家后,发现还有别的事要做,或者是一直磨蹭到很晚才开始做,做了一会就想睡觉,又不了了之,就会又安慰自己说:"等明天再做吧。"一天如此,两天如此,时间长了之

后，不仅浪费了很多宝贵的时间，而且还养成拖拉的坏习惯，使得成功也在远处向我们挥手告别。

那么，对待拖延最好的办法就是养成井然有序的习惯。合理安排时间并生活有序，对每一位渴求成功的青少年都很重要，因为这等于是对你拥有的时间进行一次科学规划，这样你做起事来就会有条不紊，生活有序，最后达到事半功倍的效果。

古今中外的学者无不信仰时间贵于黄金的"黄金原则"，无不讲究井然有序的时间运筹方法。

大文豪巴尔扎克是个时刻抓紧时间工作的人，也是个会安排时间的人。每天午夜十二点，巴尔扎克准时从睡梦中醒来，他点起蜡烛，洗洗脸，开始了一天的工作。这是一天当中最安静的时刻，既不会有人来打扰，也不会有人来算账，正是他写作的黄金时间。

准备工作开始了，他把纸、笔、墨水都放在适当的位置上，这是为了不要在写作时有什么事情打断自己的思路。他又把一个小记事本放到写字台的左上角，上面记着章节的结构提纲。他再把为数极少的几本书整理一下，因为大多数书籍资料都早已装在他脑子里了。

巴尔扎克开始写作了。房间里只听见奋笔疾书的声音。他很少停笔，有时累得手指麻木，太阳穴激烈地跳动，他也不肯休息，喝上一杯浓咖啡，振作一下精神，又继续写下去。

早晨8点钟了，巴尔扎克草草吃完早饭，洗个澡，紧接着就处理日常事务。印刷所的人来取墨迹未干的稿子，同时送来几天前的清样，巴尔扎克赶紧修改稿样。

修改稿样的工作一直进行到中午12点。整个下午的时间，他用来摘记备忘录和写信，在信上和朋友们探讨艺术上的问题。吃过晚饭，他要对晚饭以前的一切略做总结，更重要的是，对明天要写的章节进行细致缜密的推敲，这是他写作中一个非常重要的环节，一个必不可少的步骤。晚上8点，他放下了一切工作，按时睡下了。

巴尔扎克精确地计算自己的时间，把时间安排得井然有序，于是数十年之后成就了他的《人间喜剧》。

处方十

只要团结协作，就可以撬动地球

能力再强,你也只是团队里的一滴水

如果我们不满足于当一个旁观者和批评家,那一定要善于团结人,理解人,有合作精神。以往有些同学步入社会后,发现普天之下似乎一无是处,和什么人都难于合作,那样的清高和任性,结果连生计都成了问题。即使为个人的发展考虑,改变学生的身份之后,也不能再有当学生时那样的"任性"。

——温儒敏（北京大学中文系教授,北大语文教育研究所所长）

一个团队、一个优秀的团队就好比一片大海,而一个人、一个再完美的人,也只是这片海里的一滴水。一个团队要想具备高度的竞争力,不但要求有完美的个人,更重要的是每个个人需要有团队协作的能力,需要凝聚在一起组建起一个"1+1＞2"的完美团队。

作为青少年,在学校的时候大家过的就是有同学、朋友、老师环绕的集体生活。孤立的个人在学校是生活不下去的,不去跟同学老师打交道,你的学习成绩、你的同学关系都不会很好。哪怕个人再优秀,学习能力再强,脱离了老师和同学的帮助,都注定无法继续提高。

在英国的一次艺术品拍卖现场,拍卖师拿出一把小提琴当众宣布:"这把小提琴的拍卖起价只有1英镑。"但是话说出去以后,竞拍的人还是寥寥无几,价格也没有抬得很高。此时,拍卖方走出一位老人,他上台以后二话没说,抄起小提琴就演奏起来。小提琴那优美的音色和他高超的演奏技巧令全场的人听得入了迷。

演奏完,这位老人把小提琴放回琴盒中,还是一言不发地走下台。此时,有些人开始竞拍小提琴,并且把小提琴的价格抬到了500英镑。之后拍卖师做了隆重的介绍,他说刚才拉琴的人为英国皇家琴师,他的作品在英国皇室广为传播。他所用过的乐器会有极大收藏价值。随后拍卖师再次宣布开拍,这把小提琴的价格被抬到1000英镑并不断上扬,从2000英镑、3000英镑,到8000英镑、9000英镑,最后这把小提琴竟以10000英镑的价格拍卖出去。

同样的一把小提琴何以会有如此的价格差异?很明显,是拍卖师的宣传和音乐家的演奏,他们协作的力量使这把小提琴实现了它的价值潜能。

每一个团队莫不是如此。如果只强调个人的力量,即使你表现得再完美,也很难创造很高的价值,所以说"没有完美的个人,只有完美的团队"。这一观点被越来越多的人所认可。

在2004年的雅典奥运会上,中国女排在冠军争夺赛中那场惊心动魄的胜利恰恰证明了这一点。8月11日,意大利排协技术专家卡尔罗·里西先生在观看中国女排训练后认为,中国队在奥运会上的成败很大程度上取决于赵蕊蕊。可在奥运会开始后中国女排第一次比赛中,中国女排第一主力、身高1.97米的赵蕊蕊因腿伤复发,无法上场了。有人惊呼中国女排的网上"长城"

坍塌。中国女排只好一场场去拼，在小组赛中，中国队还输给了古巴队，似乎国人对女排夺冠也不抱太大希望。

然而，在最终与俄罗斯争夺冠军的决赛中，身高仅1.82米的张越红一记重扣穿越了2.02米的加莫娃的头顶，砸在地板上，宣告这场历时2小时零19分钟、出现过50次平局的巅峰对决的结束。经过了漫长而艰辛的20年以后，中国女排再次摘得奥运会金牌。

整场比赛，惊心动魄，让人不禁激动地流下泪水，就像20年前当时的人们看到郎平、周晓兰、张蓉芳等老一代中国女排夺冠时一样激动。

女排夺冠后，中国女排教练陈忠和放声痛哭两次。男儿有泪不轻弹，个中的艰辛，只有陈忠和和女排姑娘们最清楚。

那么，中国女排凭什么战胜了那些世界强队，凭什么反败为胜战胜俄罗斯队？陈忠和赛后说："我们没有绝对的实力去战胜对手，只能靠团队精神，靠拼搏精神去赢得胜利。用两个字来概括队员们能够反败为胜的原因，那就是'忘我'。"只有每个人都积极配合，摒弃个人英雄主义，发扬团队协同作战的能力，才能取得整体的成功。

相传佛教创始人释迦牟尼曾问他的弟子："一滴水怎样才能不干涸？"弟子们面面相觑，无法回答。释迦牟尼说："把它放到大海里去。"是的，一滴水虽然光彩夺目，但是脱离了大海便会很快蒸发掉，无法发挥任何作用。

每一个完美的个人都是一滴水，而一个优秀的团队就是大海。每一位青少年也都一样，是一滴水，而我们所在的班集体，我们的学校，我们将来工作的地方都是我们的大海，只有融进去，以实现我们所在团队的整体目标，才能显现出我们存在的意义和价值。

共赢：生活是一顿各取所需的自助餐

有人用"下围棋"形容日本人的做事方式，用"打桥牌"形容美国人的风格，用"打麻将"形容某些中国人的作风。"下围棋"是从全局出发，为了整体的利益可以牺牲局部的某些棋子。"打桥牌"则是与对方紧密合作，针对其他家组成的联盟激烈竞争。中国人"打麻将"则是孤军作战，"看住上家，防住下家，自己和不了，也不让别人和。"这种作风显然是不好的。

——王选（曾任北京大学教授，著名科学家）

社会学家戴维将双赢比作是一顿各取所需的自助餐，他认为双赢是一种人人都是胜利者的想法，是一种既宽容又坚忍不拔的想法。"我不会踩着你的肩膀向上爬，但我也不会对你卑躬屈膝，我关心他人，希望他们成功，但我也关心自己，也希望自己成功。双赢就是海阔天空，这并不是你的成功或是我的成功，而是我们两人共同的成功。谁得到的好处多一点并不重要，关键是大家各取所需，都得到满足。"

每个人的能力都有一定限度,善于与人合作的人,能够弥补自己能力的不足,达到自己原本达不到的目的。就像大雁南飞时成群结队地以"人"或"一"字形飞行,而且领头的大雁累了会不断地更换。因为为首的雁在前头开路,能帮助其左右的雁群造成局部的真空。科学家曾在风洞实验中发现,成群的雁以"人"或"一"字形飞行时,比一只雁单独飞行能多飞12%的距离。

所以,自己力量虽然有限,但是只要有心与人合作,善假于物,那就要取人之长,补己之短。而且能互惠互利,让合作的双

方都能从中受益。

王选教授认为,他对方正最大的贡献不仅仅是提出一个正确的方向,用技术领先的产品占领了市场,更重要的是,营造了吸引人才的机制,树立了一种团结奋斗、不断创新的风气和氛围。王选说:"这是一个长期的无形资产。"

在他的倡导下,今天北大方正企业文化的内容之一就是"创新精神与团队精神的结合"和"有市场眼光的科学家与有科学头脑的企业家的结合",北大方正的几百位中层干部正在大力实践和发扬这种精神。

培育团队精神的关键是技术带头人和骨干,要使方正的事业与一批骨干荣辱与共、休戚相关,并使大家通过实践懂得:只有依靠研究室的一大批优秀的研究开发人员的通力合作,靠研发部门与市场营销部门的紧密配合,方正才能成为信息产业某一领域的龙头老大,才能进入发达国家的市场。

团结协作,才能让个人、让团队得到发展。王选教授非常重视团结和合作的重要性,他对学生讲过这样一个美国华人中流传的比喻:用"下围棋"形容日本人的做事方式,用"打桥牌"形容美国人的风格,用"打麻将"形容某些中国人的作风。"打麻将"是孤军作战,"看住下家,防住上家,自己和不了,也不让别人和。"在实现生活中,还存在着王选先生说的"打麻将"的劣习,不讲合作、不讲团结,只顾自己的利益。那么,我们生活中要尽量改变这种劣习。

其实,共赢是团结协作的最佳目标。共赢就是一种人人都是胜利者的想法，认为存在着许多成功的机会，这并不是某一方的成功，而是我们共同的成功。谁得到好处多一点并不重要，这好比是一顿各取所需的自助餐，人人都有份。

有一句名言说的好："帮助别人往上爬的人，会爬得最高。"如果你帮助别的人上了果树，你因此也就得到了你想尝到的果实，而且你越是善于帮助别人，你能尝到的果实就越多。

对于学生来说团结协作也是学习的一种很好的方法。在团队学习中，我们能集思广益，那么我们的学习生活便是丰富多彩的。就好比做一道数学题，A 学生有一种方法，B 也有一种，C 还有一种，如果他们彼此孤立、自私，不与他人合作、交流，那他们永远也只能有自己所知的方法。如果他们彼此交流、探讨，各自说出自己的方法，说不定就能找到更多更简便的方法，这难道不是事半功倍的吗？不就达到了各自高效、高质的学习目的了吗？在此同时，学生间的关系也变得更加融洽了，这不是一全几美的事吗？

由此可见，双赢思维对于学习而言，是具有促进作用的。在这样一个团结、友善、积极、努力的氛围中，我们更有利于成长，并实现德智体美劳全面发展。

总之，团结协作能让人们在遭遇不测时患难与共，在享受幸福时分享欢乐。合作，能让人与人之间的关系变得亲密、友善。在这种气氛之下，青少年学习起来会感到特别轻松、惬意，感到特别有助。

融入团队,你才能无坚不摧

我人生中的第一次获奖是 10 岁,老师让选一位品德最受大家欢迎的同学,大家选了我。我的长处是懂得自己的不足,懂得依靠集体。今天我的成就是依靠一大批同事共同协作、艰苦奋斗 20 多年而获得的。

——王选(曾任北京大学教授,著名科学家)

很多青少年特别是男孩喜欢看一些英雄片,比如美国的《超人》《蝙蝠侠》《蜘蛛侠》《钢铁侠》等,因为这些电影里的主角都极富"个人英雄主义"色彩,常常只靠一个人就能独闯龙潭,并且进退自如,最终救美女于危难,有的电影甚至是仅靠自己就能拯救整个世界。

每个男孩心中都有一个立马横刀平天下的英雄梦,但在如今这个时代,也只能是一个"英雄梦"了,那些独行侠的故事只能在电影和小说里出现。在这个讲究合作讲究共赢的年代,个人英雄主义已经一去不返了。只有融入团队,你才能无坚不摧。

正所谓:"一箭易断,十箭难折。"

很久很久以前,有个国王,他有 10 个儿子,这 10 个儿子平时因争权夺利,相互间钩心斗角,扰得整个皇宫不得安宁。一天,老国王得了重病,他自己也知道快要不行了。于是就把 10 个儿子都叫到身旁,拿出 10 支箭来,让 10 个儿子每人折一支,

10个儿子轻轻一折，就将箭折断了。然后老国王又拿出10支箭，并把这10支箭紧紧地捆扎在一起，让10个儿子折，可10个儿子用尽力气，谁也折不断。这时，儿子们都明白了老国王这样做的目的。

这个故事告诉我们集体力量大。在生活中我们已经有过许多这方面的体验：许多许多的石头堆积起来可以变成一座巨大的高山；许多许多的砖头垒筑起来，可以砌成万里长城。蚂蚁虽小，但许多蚂蚁团结在一起，能拖动一根很大的骨头；一个人的力量虽小，但许多微弱的力量汇合在一起，就能排山倒海，战胜一切！

即使是在北大，被称为精英也好，栋梁也好，也需要团队精神，团结协作，才会有更大的力量。王选教授指出："北大人才济济，但有分量的、能产生长远影响的重大科研成果还不够多，与北大的人才优势很不相称，团队精神不够和管理较弱恐怕是原因之一。"而技术学科领域内，对工业界产生重大影响的项目大多是一个大集体中的很多小组协同攻关完成的，这一趋势今后将更加明显。

人，总得在集体中生活，谁都希望在集体中能得到关心爱护，获取勇气和力量。然而这一切从何而来呢？这一切来自我们每个人的奉献。只有献出一份爱，才能得到一片情。只有大家都热爱集体、关心集体、服从集体，维护集体的利益和荣誉，我们的集体才会充满阳光，才会更有力量！

能不能与周围的人愉快合作是我们成长的一项重要的素质。

那么，作为青少年该如何培养自己与人合作的能力呢？

1. 你要明白你的能力有限，你需要帮助

　　你不是生活在真空中，你不能在与世隔绝、孤立无援中完成自我实现。把健康的竞争和合作紧密结合起来，将有助于你实现理想的平衡。

2. 要学会欣赏别人，愉快地接纳别人

　　一方面，合作的目的就是扬长避短，学会欣赏别人，才会发现别人的长处，找到合作的伙伴；另一方面，人都是喜欢被赞扬、被欣赏的，你会欣赏别人，别人才会对你有好感，才会互相接纳，与你合作。

3. 要学会理解和谅解别人

　　合作过程中难免发生分歧或误会，很多合作者中途分道扬镳，几乎皆源于此。所以，当与别人发生矛盾、意见有了分歧时，一方面要学会站到对方的位置上想想，另一方面，要从各个方面权衡利弊，缩小分歧，消除误会，在求同存异中继续密切合作。

4. 要学会与人分享

　　俗话说"挣钱容易分钱难"，一个人要想最终获得成功，还必须学会与人分享你的成功，否则，你将会众叛亲离。

　　只有通过和平、和谐的合作，才能取得生命中的成就，单独一个人难以获得大的成功。即使一个人在荒野中隐居，远离各种人类文明，他也仍然需要依赖他本身以外的力量才能生存下去。一个人越是成为文明的一部分，越是需要依赖合作来生存。

打造无敌团队的秘诀——积极有效的沟通

沟通不但是语言、文字交流,眼神和体态都很重要。

——翟鸿燊(北京大学客座教授,企业管理专家,国学传播者)

在人类社会中,沟通就好比是大雁的鸣叫声,有效沟通是建立高效团队的前提。在晴朗的天空中,一队大雁排成优美的V字形从远方飞来,队形如波浪在波动,那是大雁振翅时的现象。队伍中不时传来阵阵大雁的鸣叫声,叫声清脆、嘹亮。它们鸣叫是为了相互鼓励,提醒前面的大雁保持速度。

所以一个优秀的团队肯定是一个沟通良好、协调一致的团队。通过积极有效的沟通,整个团队才能达成共识,才能协调一致,才能发挥团队的力量。相反,不充分、不到位的沟通将妨碍命令的有效传递,会严重阻碍工作进展。

因此,想要学会团结协作,除了有一个包容大度的心之外,学会有效沟通也是非常必要的,要知道"团结协作"既是一种品行,更是一种能力,而沟通就是这种能力中最核心的部分。

在团队中,沟通应当遵循简单的原则,这样可以减少沟通中的误会。言不由衷,会浪费宝贵的时间;瞻前顾后,会变成谨小慎微的懦夫;当面不说,背后乱讲,这样对他人和自己都毫无益处,最后只能破坏集体的团结。正确的方式是提供有建设性的正面意见,在开始讨论问题时,任何人先不要拒人于千里之外,大那么，作为青少年该如何培养自己与人合作的能力呢？

1. 你要明白你的能力有限，你需要帮助

　　你不是生活在真空中，你不能在与世隔绝、孤立无援中完成自我实现。把健康的竞争和合作紧密结合起来，将有助于你实现理想的平衡。

2. 要学会欣赏别人，愉快地接纳别人

　　一方面，合作的目的就是扬长避短，学会欣赏别人，才会发现别人的长处，找到合作的伙伴；另一方面，人都是喜欢被赞扬、被欣赏的，你会欣赏别人，别人才会对你有好感，才会互相接纳，与你合作。

3. 要学会理解和谅解别人

　　合作过程中难免发生分歧或误会，很多合作者中途分道扬镳，几乎皆源于此。所以，当与别人发生矛盾、意见有了分歧时，一方面要学会站到对方的位置上想想，另一方面，要从各个方面权衡利弊，缩小分歧，消除误会，在求同存异中继续密切合作。

4. 要学会与人分享

　　俗话说"挣钱容易分钱难"，一个人要想最终获得成功，还必须学会与人分享你的成功，否则，你将会众叛亲离。

　　只有通过和平、和谐的合作，才能取得生命中的成就，单独一个人难以获得大的成功。即使一个人在荒野中隐居，远离各种人类文明，他也仍然需要依赖他本身以外的力量才能生存下去。一个人越是成为文明的一部分，越是需要依赖合作来生存。

打造无敌团队的秘诀——积极有效的沟通

沟通不但是语言、文字交流,眼神和体态都很重要。
——翟鸿燊(北京大学客座教授,企业管理专家,国学传播者)

在人类社会中,沟通就好比是大雁的鸣叫声,有效沟通是建立高效团队的前提。在晴朗的天空中,一队大雁排成优美的V字形从远方飞来,队形如波浪在波动,那是大雁振翅时的现象。队伍中不时传来阵阵大雁的鸣叫声,叫声清脆、嘹亮。它们鸣叫是为了相互鼓励,提醒前面的大雁保持速度。

所以一个优秀的团队肯定是一个沟通良好、协调一致的团队。通过积极有效的沟通,整个团队才能达成共识,才能协调一致,才能发挥团队的力量。相反,不充分、不到位的沟通将妨碍命令的有效传递,会严重阻碍工作进展。

因此,想要学会团结协作,除了有一个包容大度的心之外,学会有效沟通也是非常必要的,要知道"团结协作"既是一种品行,更是一种能力,而沟通就是这种能力中最核心的部分。

在团队中,沟通应当遵循简单的原则,这样可以减少沟通中的误会。言不由衷,会浪费宝贵的时间;瞻前顾后,会变成谨小慎微的懦夫;当面不说,背后乱讲,这样对他人和自己都毫无益处,最后只能破坏集体的团结。正确的方式是提供有建设性的正面意见,在开始讨论问题时,任何人先不要拒人于千里之外,大家应该把想法都摆在桌面上，充分体现每个人的观点，这样才会有一个容纳大部分人意见的结论。

Facebook 上市之后，统领这个虚拟大国的扎克伯格成了全球风云人物：他是最年轻的亿万富豪，身价高达 69 亿美元；是英国首相卡梅伦一上任就要用视讯对谈，请教"管理众人之道"的重要企业领袖；他也是几本书（包括漫画书）、一部新电影锁定的主角。但在和人数众多的员工进行沟通交流时，扎克伯格一如既往。

要知道，这对扎克伯格来说并非易事，从2004年处于创业期的Facebook人数仅有几十个，到2012年5月18日美国上市，Facebook在全球已经拥有3000多名员工，这些员工多数是刚从大学毕业进入工作的20多岁的年轻人。

扎克伯格的管理风格就是与员工进行一对一的交谈，他喜欢晚上在办公室踱步检查员工的工作，面对面的沟通使得企业的信息更有效地传递，同时凝聚起全体员工共同的创业精神；另外，扎克伯格每周会与员工之间进行长达数小时的提问和回答，扎克伯格会坦诚地回答员工提出的任何问题，如果某些问题他不能回答，其首席运营官及他的团队会进行解答。这种打破组织层级、创业领袖与员工之间面对面的沟通，使Facebook的管理更有效、信息更畅通、工作效率更高。Facebook在创业期的管理沟通值得更多的创业企业予以借鉴。

对于扎克伯格这样的知识型创业领袖，他能打造如此强大的团队，在几年之间，将事业做到如日中天，这跟他与员工面对面的沟通交流是分不开的。他这种积极有效的沟通管理方式虽然难以在短期内看到回报，但是对于企业的有效运转及长远发展都起着不容小视的作用。

所以说，要想积极有效地沟通，沟通的方式是十分重要的。特别是对于青少年来说，不管是在家庭中，还是在学校班级里，采取合理的沟通方式，才能让团队和谐共进。特别是对待家长、老师等长辈，要尊敬，也要敢于表达自己的意见。

有人说，沟通是一门艺术，它蕴含了很多技巧。那么，青少年在沟通时还要注意：

（1）主动沟通。主动与被动的结果是不一样的，主动沟通更容易消除隔阂，而且会让你处于主导地位。

（2）分清场合。不同的场合对沟通的要求是不一样的。比如，在餐厅、会议室等不同场合应采用不同的沟通方式；在与同学和长辈交往时，私下里可以开玩笑，但是在正式场合就要给对方留足面子。

（3）理解别人。理解首先是尊重他人，每当遇到人际交往的障碍时，都要转换角度想问题。站在对方的角度考虑问题是解决矛盾的捷径。

（4）学会表达。很多人之所以会伤害别人的感情，引起别人的反感，原因就出在说话上。说话时还要注意表达的细节。比如，说话的语调往往表现着你的态度，身体动作和姿势也是沟通的方式，这些细节都需要注意。

总之，沟通是传达、倾听、协调，是团队成员必须具备的素质。有效沟通在团队合作中扮演着极其重要的角色，我们要想在团队中发挥自己的作用，就要善于沟通，协同作战。有效沟通不仅可以促进团队成员之间的感情交流与思想碰撞，及时消除合作障碍，构建双赢的桥梁，而且还可以为自己的认同增加筹码，也为自己打开成功之门。

北大送给青少年的人生处方